もくじ・学習の記録

JN078057

合格までのステップ・本書の使い方と特長

入試までの勉強法

【合格へのステップ】

3月

- 1・2年の復習
- 苦手教科の克服

苦手を見つけて早めに克服していこう！ 国・数・英の復習を中心にしよう。

7月

- 3年夏までの内容の復習
- 応用問題にチャレンジ

夏休み中は**1・2年の復習**に加えて，3年夏までの内容をおさらいしよう。社・理の復習も必須だ。得意教科は応用問題にもチャレンジしよう！

9月

- 過去問にチャレンジ
- 秋以降の学習の復習

いよいよ過去問に取り組もう！ できなかった問題は解説を読み，できるまでやりこもう。

12月

- 基礎内容に抜けがないかチェック！
- 過去問にチャレンジ
- 秋以降の学習の復習

基礎内容を確実にすることは，入試本番で点数を落とさないために大事だよ。

本番！

【本書の使い方と特長】

はじめに
高校入試問題のおよそ7割は、中学1・2年の学習内容から出題されています。
そこから苦手なものを早いうちに把握して、計画的に勉強していくことが、
入試対策の重要なポイントになります。
本書は必ずおさえておくべき内容を1日4ページ・10日間で学習できます。

ステップ1
「数と式の計算」、「方程式」などの学習内容ごとに、基本事項を確認しよう。
自分の得意・不得意な内容を把握しよう。

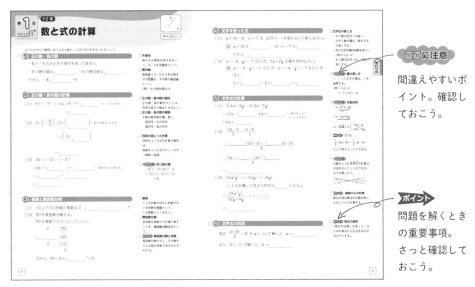

ここに注意
間違えやすいポイント。確認しておこう。

ポイント
問題を解くときの重要事項。さっと確認しておこう。

ステップ2
制限時間と配点がある演習問題で、ステップ1の内容が身についたか確認しよう。
⬆️の問題もできると更に得点アップ！

高校入試準備テスト
実際の公立高校の入試問題で力試しをしよう。
制限時間と配点を意識しよう。

わからない問題に時間をかけすぎずに、解答と解説を読んで理解して、もう一度復習しよう。

別冊解答
解説で問題を解くときのポイントを確認しよう。
入試につながる で入試の傾向・対策、得点アップのアドバイスを確認しよう。

無料動画については裏表紙をチェック

第 1 日 **ステップ 1** **1・2年**

数と式の計算

月 / 日

解答 別冊 p.2

以下の文中の下線部にあてはまる数やことばや式や記号を入れましょう。

① 正の数・負の数

-8 と -5 の大小を不等号を使って表すと，

-8 の絶対値は ア＿＿＿＿＿＿， -5 の絶対値は イ＿＿＿＿＿＿

だから， -8 ウ＿＿＿＿＿ -5

② 正の数・負の数の計算

□(1) $9+(-7)-(+4)=9-7-$ エ＿＿＿＿＿ ←かっこをはずす。

$=$ オ＿＿＿＿＿

□(2) $3 \div \left(-\dfrac{6}{7}\right)=3 \times \left(\underset{カ}{\phantom{\rule{2cm}{0pt}}}\right)$ ←除法を乗法になおす。

$=-\left(3 \times \underset{キ}{\phantom{\rule{2cm}{0pt}}}\right)$

$=$ ク＿＿＿＿＿

□(3) $36 \div (-3^2)-(-3)^2$

$=36 \div (\underset{ケ}{\phantom{\rule{2cm}{0pt}}})-$ コ＿＿＿＿＿ ←指数を先に計算する。

$=(\underset{サ}{\phantom{\rule{2cm}{0pt}}})-$ シ＿＿＿＿＿

$=$ ス＿＿＿＿＿

③ 素数と素因数分解

□(1) 10以下の自然数の素数は 2，セ＿＿＿＿，ソ＿＿＿＿，7

□(2) 90を素因数分解する。

90を素数で次々にわっていくと，

```
  2    )90
タ____  )45
  3    )15
        5
```

だから，$90=2 \times$ チ＿＿＿＿$^2 \times 5$

□不等号
数の大小関係を表す記号 $<$，$>$，$\leqq$，$\geqq$ を不等号という。

□絶対値
数直線上で，0からある数までの距離（きょり）を，その数の絶対値という。
（例）-4 の絶対値は 4

□正の数・負の数の減法
正の数・負の数をひくには，符号（ふごう）を変えた数をたせばよい。

□正の数・負の数の乗除
2数の絶対値の積，商に，
　同符号…正の符号
　異符号…負の符号

□四則の混じった計算
四則をふくむ式の計算の順序は，
指数をふくむ式やかっこの中
→乗除→加減

□ ここに注意 同じ数の積
$-2^2=-(2 \times 2)=-4$
$(-2)^2=(-2) \times (-2)$
　　　$=4$

□素数
1とその数のほかに約数がない自然数を素数という。
1は素数にふくまない。

□素因数分解
自然数を素数だけの積で表すことを，素因数分解するという。

□ ポイント 素因数分解と倍数
素因数分解すると，その数がどんな数の倍数であるのかがわかる。

④ 文字を使った式

☐(1) $a \times 18 - (b-c) \div 7$ を，記号 $\times$，$\div$ を使わないで表しなさい。

(解) $a \times 18$ は ッ____，$(b-c) \div 7$ は テ____

だから，ト____

☐(2) $x = -4$，$y = -7$ のとき，$5x - 2y$ の値を求めなさい。

(解) $x = -4$，$y = -7$ のとき，x に -4，y に -7 を代入すると，

$$5 \times (_{+}\underline{}) - 2 \times (_{=}\underline{}) = _{\nu}\underline{}$$

⑤ 文字式の計算

☐(1) $3(4x - 3y) - 2(3x - 7y)$

$= 12x - _{ネ}\underline{} - 6x + _{ノ}\underline{}$ ←分配法則により，かっこをはずす。

$= 6x + _{ハ}\underline{}$

☐(2) $\dfrac{2a-b}{3} - \dfrac{a-b}{2}$

$= \dfrac{_{ヒ}\underline{}(2a-b) - _{フ}\underline{}(a-b)}{6}$

$= \dfrac{4a - _{ヘ}\underline{} - 3a + _{ホ}\underline{}}{6}$

$= _{マ}\underline{}$

☐(3) $24x^2y^2 \div (-3xy) \div (-4y)$

〔これを計算した答えの符号は ミ____ になる。〕

$= \dfrac{24x^2y^2}{3xy \times 4y}$ ← $A \div B \div C = \dfrac{A}{B \times C}$

$= _{ム}\underline{}$

⑥ 文字式の利用

等式 $\dfrac{a+3b}{2} = 8$ を a について解くと，$a = _{メ}\underline{}$

また，b について解くと，$b = _{モ}\underline{}$

☐**文字式の表し方**

・かけ算の記号 $\times$ は省く。

・文字と数の積は，数を文字の前にする。

・同じ文字の積は指数を使う。
(例) $a \times a = a^2$

・わり算の記号 $\div$ は，分数の形にする。

☐ **ここに注意 積の表し方**

1，-1 と文字の積は，1 を省略する。

(例) $1 \times a = a$

$(-1) \times a = -a$

☐ **ここに注意 分配法則**

$a - b(x - y)$

$= a - bx + by$

よく間違える $\begin{cases} -bx - y \\ -bx - by \end{cases}$

☐ **ポイント** (2)は，

$\dfrac{1}{3}(2a - b) - \dfrac{1}{2}(a - b)$

として考えることもできる。

☐ **ここに注意**

分数をふくむ多項式の計算は，分母をはらうことはできないので注意しよう。

$\left(\dfrac{2a-b}{3}\right) \times 6 - \left(\dfrac{a-b}{2}\right) \times 6$

☐ **ポイント 乗除のみの計算**

除法の項は乗法の分数の形になおしてから計算する。

☐ **ポイント 等式の変形**

「等式の性質」を使って，はじめの等式から左辺をある文字だけにする。

第1日 ステップ2

1・2年

数と式の計算

時間 30分　目標 70点　得点 　点

解答 別冊 p.2

1 次の各組の数の大小を，不等号を使って表しなさい。　8点(4点×2)

□(1) $-\frac{1}{3}$, $-\frac{1}{4}$

□(2) $+4.8$, -5, $+2$

2 次の計算をしなさい。　32点(4点×8)

□(1) $(-4)+(-9)-(+8)$

□(2) $(+0.6)-(+0.7)+(-1.4)$

□(3) $\left(-\frac{2}{7}\right)-\left(-\frac{5}{7}\right)$

□(4) $\left(-\frac{5}{6}\right)-\left(+\frac{2}{3}\right)$

□(5) $(-42)\div(+7)\times(-2)$

□(6) $(-4^2)\times(+3)\div(-2)^2$

□(7) $\left(-\frac{2}{5}\right)\times\left(+\frac{5}{8}\right)$

□(8) $\left(-\frac{5}{6}\right)\div\left(-\frac{5}{3}\right)$

3 次の自然数を素因数分解しなさい。　10点(5点×2)

□(1) 196

□(2) 360

4 次の式を，×や÷の記号を使わないで表しなさい。 8点(4点×2)

☐(1) $27 \times a \div b$

☐(2) $a \times a \div 6 - a \div 5$

_____

5 次の計算をしなさい。 16点(4点×4)

☐(1) $4x - y - 6x + 5y$

☐(2) $6x - (x + 8y)$

_____

☐(3) $4(2a - 3b) - 5(a - 2b)$

☐(4) $a - b - \dfrac{-a + 2b}{2}$

_____

6 次の計算をしなさい。 16点(4点×4)

☐(1) $(-6x) \times 7y$

☐(2) $15xy \div (-5x)$

_____

☐(3) $6ab \div (-3b) \div (-2a)$

☐(4) $\left(-\dfrac{2}{7}a^2 b\right) \div \dfrac{4}{21}a$

_____

7 次の問いに答えなさい。 10点(5点×2)

☐(1) 等式 $5x + 4y - 12 = 0$ を y について解きなさい。

_____

☐(2) $x = 3$, $y = -4$ のとき，$3x(2x - 5y) - 4x(3x - 2y)$ の値を求めなさい。

_____

1年 方程式

第2日 ステップ1

解答 別冊 p.4

以下の文中の下線部にあてはまる数やことばや式や記号を入れましょう。

① 方程式とその解

4 が方程式 $2x+5=13$ の解であるかどうかを調べなさい。

(解) x に 4 を代入すると，

左辺 $=2\times_ア\underline{\hspace{2cm}}+5=_イ\underline{\hspace{2cm}}$ 　　右辺 $=13$

左辺と右辺が等しいので，4 はこの方程式の解である。

② 方程式の解き方

(1) $x+3=-4$

左辺の $+3$ を右辺に移項して，

$$x=-4-_ウ\underline{\hspace{2cm}}$$

$$x=_エ\underline{\hspace{2cm}}$$

(2) $2x-5=7$

左辺の -5 を右辺に移項して，

$$2x=_オ\underline{\hspace{2cm}}$$

$$x=_カ\underline{\hspace{2cm}}$$

(3) $5x+2=3x+8$

$+2$，$3x$ をそれぞれ移項して，

$$5x-_キ\underline{\hspace{2cm}}=8-2$$

$$2x=_ク\underline{\hspace{2cm}}$$

$$x=_ケ\underline{\hspace{2cm}}$$

(4) $3(x+2)-2=16$

$$3x+_コ\underline{\hspace{2cm}}-2=16 \quad ←分配法則$$

$$3x+_サ\underline{\hspace{2cm}}=16$$

$$3x=_シ\underline{\hspace{2cm}}$$

$$x=_ス\underline{\hspace{2cm}}$$

□ **方程式**
まだわかっていない数を表す文字をふくむ等式を方程式という。

□ **方程式の解**
方程式を成り立たせる値を，その方程式の解という。また，その解を求めることを，方程式を解くという。

□ **移項**
等式で，一方の辺の項を，符号を変えて，他方の辺に移すことを移項するという。
$$x+3=-4$$
移項
$$x=-4-3$$

□ **ポイント▶ 方程式の解き方**
① 必要であれば，かっこをはずしたり，係数を整数にしたりする。
② 文字の項を一方の辺に，数の項を他方の辺に移項して集める。
③ $ax=b$ の形にする。
④ 両辺を x の係数 a でわる。

□(5) $\dfrac{1}{4}x-3=5$

$$\left(\dfrac{1}{4}x-3\right)\times\underline{}_{\text{セ}}=5\times\underline{}_{\text{セ}}$$

$$x-\underline{}_{\text{ソ}}=\underline{}_{\text{タ}}$$

$$x=\underline{}_{\text{チ}}$$

□(6) $0.4x-3=0.26x+0.5$

両辺を 100 倍して，$40x-300=26x+\underline{}_{\text{ツ}}$

$$14x=\underline{}_{\text{テ}}$$

$$x=\underline{}_{\text{ト}}$$

③ 比例式とその解き方

□(1) $x:9=6:3$

$$\underline{}_{\text{ナ}}\times3=9\times\underline{}_{\text{ニ}}$$

$$3x=54$$

$$x=\underline{}_{\text{ヌ}}$$

□(2) $4:(x-9)=8:2$

$$8(\underline{}_{\text{ネ}})=\underline{}_{\text{ノ}}\times2$$

$$8x=\underline{}_{\text{ハ}}$$

$$x=\underline{}_{\text{ヒ}}$$

□ **④ 方程式の利用**

1 冊 120 円と 150 円の 2 種類のノートをあわせて 10 冊買って，代金 1290 円を支払いました。それぞれ何冊買ったかを求めなさい。

(解) 120 円のノートを x 冊買ったとすると，

150 円のノートは，x を用いて（$\underline{}_{\text{フ}}$）冊と表すことができる。

$$120x+150(\underline{}_{\text{フ}})=1290$$

$$120x-\underline{}_{\text{ヘ}}x=1290-\underline{}_{\text{ホ}}$$

$$\underline{}_{\text{マ}}x=\underline{}_{\text{ミ}}$$

$$x=\underline{}_{\text{ム}}$$

120 円のノートを $\underline{}_{\text{メ}}$ 冊買ったとき，

150 円のノートは $\underline{}_{\text{モ}}$ 冊買ったことになるので，この解は問題にあっている。

(答) 120 円のノート $\underline{}_{\text{メ}}$ 冊，150 円のノート $\underline{}_{\text{モ}}$ 冊

第2日

□ ここに注意
両辺に分母の公倍数をかけて分母をはらうようにしよう。

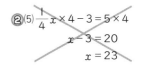

□ 比例式
2 つの比が等しいことを表す式を比例式という。

□ 比例式の性質
比例式の外側の項の積と内側の項の積は等しい。

$$a:b=c:d$$
ならば
$$ad=bc$$

□ ポイント 方程式の利用
① 問題の中の数量に着目して，数量の関係を見つける。
② まだわかっていない数量のうち，適当なものを文字で表して，方程式をつくって解く。
③ 方程式の解が，問題にあっているかどうかを調べて，答えを書く。

第2日 ステップ2

1年

方程式

時間 30分 目標 70点

得点 点

解答 別冊 p.4

1 次の方程式を解きなさい。

32点(4点×8)

□(1) $3x+2=8$

□(2) $5x=2x-15$

□(3) $4x-6=2x-10$

□(4) $-6x+13=x-15$

□(5) $13-4(x-3)=9$

□(6) $9-5(x+2)=14-2x$

□(7) $5x-3=7(2-x)+7$

□(8) $7(x-2)=4(2x-5)+6$

2 次の方程式を解きなさい。

20点(5点×4)

□(1) $\frac{1}{3}x=\frac{1}{4}x-2$

□(2) $\frac{x-1}{3}-\frac{x+1}{5}=2$

□(3) $0.8x-0.7=x+1.9$

□(4) $500x-100(2x+3)=600$

3 次の比例式を解きなさい。 20点(5点×4)

☐(1) $12 : 18 = x : 6$

☐(2) $3 : 8 = (x-7) : 24$

☐(3) $4 : 5 = (x-2) : 10$

☐(4) $x : 2 = (x+6) : 5$

4 次の問いに答えなさい。 28点(7点×4)

☐(1) x についての方程式 $5x+a=2x+7$ の解が3であるとき，a の値を求めなさい。

☐(2) x についての方程式 $a(x+2)=2x+a$ の解が，方程式 $7x=4(x-2)-1$ の解と同じであるとき，a の値を求めなさい。

☐(3) 何人かの子どもにみかんを同じ数ずつ分けます。1人に3個ずつ分けると5個余り，4個ずつ分けると3個たりません。子どもの人数を求めなさい。

☐(4) 姉が1200 m離れた駅に向かって，徒歩で家を出発しました。それから10分たって，弟が姉の忘れ物に気づき，自転車で同じ道を追いかけました。

姉は分速70 m，弟は分速210 mで進むとすると，弟は出発してから何分後に姉に追いつきますか。

連立方程式

月／日

解答 別冊 p.6

以下の文中の下線部にあてはまる数やことばや式や記号を入れましょう。

① 連立方程式の解き方

☐(1)
$$\begin{cases} x+2y=4 & \cdots\cdots① \\ 2x+3y=5 & \cdots\cdots② \end{cases}$$

①×2　　$2x+4y=8$　$\cdots\cdots①'$

①'−②　　　$2x+4y=8$
　　　　　$-)\,2x+3y=5$
　　　　　　　　$y=3$

であるから，$y={}_{ア}\underline{\hphantom{000}}$
この値を①に代入すると，

$$x+{}_{イ}\underline{\hphantom{000}}=4$$
$$x={}_{ウ}\underline{\hphantom{000}}$$

よって，$(x,\ y)=({}_{エ}\underline{\hphantom{000}},\ {}_{オ}\underline{\hphantom{000}})$
このように，左辺どうし右辺どうしを，それぞれたすかひく

かして，1つの文字を消去する方法を${}_{カ}\underline{\hphantom{0000}}$法という。

☐(2)
$$\begin{cases} x+2y=4 & \cdots\cdots① \\ 2x-y=3 & \cdots\cdots② \end{cases}$$

①の式を x について解くと，

$$x=-2y+4\quad\cdots\cdots①'$$

①'を②に代入すると，

$$2({}_{キ}\underline{\hphantom{00000}})-y=3$$
$$-4y+8-y=3$$
$$-5y=-5$$
$$y={}_{ク}\underline{\hphantom{000}}$$

この値を①'に代入すると，

$$x=-2\times{}_{ケ}\underline{\hphantom{000}}+4$$
$$x={}_{コ}\underline{\hphantom{000}}$$

よって，$(x,\ y)=({}_{サ}\underline{\hphantom{000}},\ {}_{シ}\underline{\hphantom{000}})$
このように，代入によって1つの文字を消去する方法を

${}_{ス}\underline{\hphantom{0000}}$法という。

☐ **連立方程式**
　複数の方程式を組にしたものを連立方程式という。高校入試で出題される連立方程式は，2つの方程式の組であることが多い。

☐ **連立方程式の解**
　連立方程式のどの方程式にもあてはまる文字の値の組を，連立方程式の解という。解を求めることを連立方程式を解くという。

☐ **連立方程式の解き方**
　加減法
$$\begin{array}{r} 2x+4y=8 \\ -)\,2x+3y=5 \end{array}$$
　係数の絶対値をそろえ，たすかひく。

　代入法
$$2\boxed{x}-y=3$$
　　↑代入する
$$x=\boxed{-2y+4}$$

☐ **ポイント** 問題の式を見て，加減法，代入法を選んで解く。

② いろいろな連立方程式

$$\begin{cases} \dfrac{2}{3}x + \dfrac{1}{4}y = \dfrac{9}{2} & \cdots\cdots① \\ 0.4x - 0.7y = 1 & \cdots\cdots② \end{cases}$$

解 ①×_セ＿＿＿＿　　　　$8x + 3y = 54$　$\cdots\cdots①'$　←公倍数をかけて分母をはらう。

②×_ソ＿＿＿＿　　　　$4x - 7y = 10$　$\cdots\cdots②'$

$①' - ②' \times 2$　　$8x + 3y = 54$

　　　　　　$-)\ 8x - 14y = 20$
　　　　　　$\overline{}$
　　　　　<u>　タ　</u>　$y = 34$

　　　　　　　$y = $<u>　チ　</u>

これを②'に代入すると，　$4x - 14 = 10$

　　　　　　　　$4x = 10 +$<u>　ッ　</u>

　　　　　　　　$x = $<u>　テ　</u>

　　　　　$(x,\ y) = ($<u>　ト　</u>，<u>　ナ　</u>$)$

③ 連立方程式の利用

2けたの正の整数があります。この整数の各位の数の和は，11で，十の位の数と一の位の数を入れかえてできる2けたの整数は，もとの整数の2倍よりも7大きくなります。もとの整数を求めなさい。

解 もとの整数の十の位の数を a，一の位の数を b とすると，

$$\begin{cases} a + b = 11 & \cdots\cdots① \\ \underline{}_{=} = 2(\underline{}_{ヌ}) + 7 & \cdots\cdots② \end{cases}$$

②から，<u>　ネ　</u>$= 7$　$\cdots\cdots②'$

$①\times 8 - ②'$　　$8a + 8b = 88$

　　　　$-)$<u>　ネ　</u>$= 7$
　　　　$\overline{}$
　　　　$27a\ \ = 81$

　　　　　$a = $<u>　ノ　</u>

これを①に代入すると，　$3 + b = 11$　　　$b = $<u>　ハ　</u>

　　　　　$(a,\ b) = ($<u>　ヒ　</u>，<u>　フ　</u>$)$

この解は問題にあっている。

よって，求める2けたの正の整数は，<u>　ヘ　</u>

ポイント 係数が分数の式
係数に分数がふくまれている場合，両辺に分母の公倍数をかけて分母をはらう。

ポイント 係数が小数の式
係数が小数の場合，両辺を10，100，……倍して整数になおす。

ここに注意 全部の項にかける
ある数を式にかける場合，式の両辺のすべての項にかけることを忘れないようにしよう。
　$0.4x - 0.7y = 1$
　$\times\ \ \ 4x - 7y = 1$
　$○\ \ \ 4x - 7y = 10$

連立方程式の利用
文章題では，何が求められているかを読み取り，何を文字でおくかを考える。

ポイント 十の位が a，一の位が b の2けたの整数は，$10a + b$ となることを利用する。

ポイント 連立方程式の2つの式を，$○a + □b = △$ の形に整理する。

ここに注意 答えの確認
答えを求めたら，それが問題にあっているかを必ず調べるようにしよう。

第3日 ステップ2

2年

連立方程式

時間 30 分　目標 70 点　得点 点

解答 別冊 p.6

1 1個50円のみかんと1個80円のみかんをあわせて14個買ったところ，880円でした。このとき，次の問いに答えなさい。　20点(10点×2)

□(1) 1個50円のみかんを x 個，1個80円のみかんを y 個としたとき，x と y の関係を連立方程式で表しなさい。

□(2) (1)の連立方程式を解き，買った50円のみかんの個数と80円のみかんの個数を求めなさい。

2 次の連立方程式を解きなさい。　30点(5点×6)

□(1) $\begin{cases} x+y=8 \\ x-y=-2 \end{cases}$

□(2) $\begin{cases} 5x+6y=2 \\ 2x+3y=-1 \end{cases}$

□(3) $\begin{cases} 2x+9y=35 \\ 5x-3y=11 \end{cases}$

□(4) $\begin{cases} 4x+3y=5 \\ 3x+7y=-1 \end{cases}$

□(5) $\begin{cases} 3(x-2y)=y-17 \\ 6x+5y=4 \end{cases}$

□(6) $\begin{cases} 2x-5(x+y)=9 \\ 3(2x+3y)=2(y-9) \end{cases}$

3 次の連立方程式を解きなさい。

☐(1) $\begin{cases} 2x-5y=2 \\ \dfrac{2}{3}x+\dfrac{5}{2}y=9 \end{cases}$

☐(2) $\begin{cases} \dfrac{x}{2}+\dfrac{y}{3}=\dfrac{1}{6} \\ x-0.25y=-7 \end{cases}$

_____   _____

4 次の問いに答えなさい。

☐(1) x, y についての連立方程式 $\begin{cases} ax+6y=6 \\ -3x+by=34 \end{cases}$ の解が，$(x,\ y)=(-3,\ 5)$ であるとき，a，bの値を求めなさい。

_____

☐(2) A，B 2種類の鉛筆があり，A 3 本と B 2 本の代金は 370 円，A 4 本と B 5 本の代金は 680 円です。A，B それぞれ 1 本の値段を求めなさい。

_____

☐(3) 現在，父の年齢の 2 倍は子の年齢の 6 倍より 6 歳多く，10 年前には，父の年齢は子の年齢の 9 倍より 1 歳少なかったそうです。現在の父と子の年齢を求めなさい。

_____

☐(4) ある中学校の今年の吹奏楽部の部員数は，去年に比べて男子は 10％減少，女子は 20％増加し，全体で 8 ％の増加となったといいます。また，去年は女子の方が男子よりも 10 人多かったそうです。今年の男子と女子の部員数を求めなさい。

_____

比例・反比例

解答 別冊 p.8

以下の文中の下線部にあてはまる数やことばや式や記号を入れましょう。

① 比例

☐(1) 1辺の長さが x cm の正方形の周の長さを y cm とするとき，x と y の関係を式で表すと，$y=$ ア＿＿＿＿ となり，y は x に ィ＿＿＿＿ する。

☐(2) $y=6x$ について，x の値に対応する y の値を求めると，次の表のようになる。表の空欄をうめなさい。

x	…	-3	-2	-1	0	1	2	3	…
y	…	-18	ゥ	ェ	ォ	ヵ	ㇱ	18	…

☐(3) y は x に比例し，$x=2$ のとき $y=-8$ です。このとき，y を x の式で表しなさい。

㉿ 比例定数を a とすると，$y=ax$。

$x=2$，$y=-8$ を代入すると，$a=$ ク＿＿＿＿

よって，求める式は，ヶ＿＿＿＿＿＿

② 反比例

☐(1) 面積が 12 cm^2 の長方形の縦の長さを x cm，横の長さを y cm とするとき，x と y の関係を式で表すと，

$y=$ コ＿＿＿＿ となり，y は x に ㇱ＿＿＿＿ する。

☐(2) $y=-\dfrac{24}{x}$ について，x の値に対応する y の値を求めると，次の表のようになる。表の空欄をうめなさい。

x	…	-3	-2	-1	0	1	2	3	…
y	…	8	シ	ス	×	セ	ソ	-8	…

☐(3) y は x に反比例し，$x=5$ のとき $y=3$ です。このとき，y を x の式で表しなさい。

㉿ 比例定数を a とすると，$y=\dfrac{a}{x}$。$x=5$，$y=3$ を代入すると，$a=$ タ＿＿＿＿ 求める式は，チ＿＿＿＿

☐**比例の式**

y が x の関数で，x と y の関係が $y=ax$ で表されるとき，y は x に 比例 するという。

$$y=\underset{\underset{\text{比例定数}}{\uparrow}}{a}x$$

☐**比例の性質**

・x の値が2倍，3倍，……になると，y の値も2倍，3倍，……になる。

・$x \neq 0$ のとき，商 $\dfrac{y}{x}$ は一定で，比例定数 a に等しい。

☐ ▶**ポイント**▶ **比例定数の求め方**

対応する2つの値 x，y の組を $y=ax$ に代入して，比例定数 a を求める。

☐**反比例の式**

y が x の関数で，x と y の関係が $y=\dfrac{a}{x}$ で表されるとき，y は x に 反比例 するという。

$$y=\dfrac{\overset{\overset{\text{比例定数}}{\downarrow}}{a}}{x}$$

☐**反比例の性質**

・x の値が2倍，3倍，……になると，y の値は $\dfrac{1}{2}$ 倍，$\dfrac{1}{3}$ 倍，……になる。

・積 xy の値は一定で，比例定数 a に等しい。

☐ ❸ 座標

右の図で，点 A～点 E，および原点 O
の座標を答えなさい。

点 A ッ＿＿＿＿＿　　点 B テ＿＿＿＿＿

点 C ト＿＿＿＿＿　　点 D ナ＿＿＿＿＿

点 E ニ＿＿＿＿＿　　原点 O ヌ＿＿＿＿＿

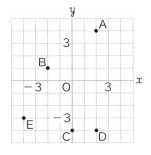

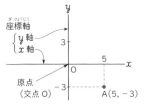
❹ 比例と反比例のグラフ

☐(1)　右の図に，比例 $y = -\dfrac{3}{5}x$ の

　　　グラフをかきなさい。

☐(2)　右の図に，反比例 $y = \dfrac{4}{x}$ の

　　　グラフをかきなさい。

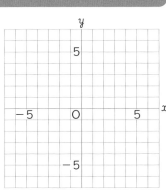

☐(3)　右の図の直線 ℓ は比例のグラフで，
　　　原点と点(4，3)を通っています。
　　　このグラフの式を求めなさい。

　　　(解)　比例定数を a とすると，$y = ax$

　　　　　$x =$ ネ＿＿＿＿＿，$y =$ ノ＿＿＿＿＿ を

　　　　　代入すると，$a =$ ハ＿＿＿＿＿

　　　　　よって，$y =$ ヒ＿＿＿＿＿

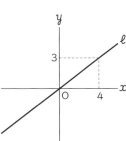

☐(4)　右の図の双曲線 m は反比例のグ
　　　ラフで，点(4，1)を通っていま
　　　す。このグラフの式を求めなさい。

　　　(解)　比例定数を a とすると，$y = \dfrac{a}{x}$

　　　　　$x =$ フ＿＿＿＿＿，$y =$ ヘ＿＿＿＿＿ を

　　　　　代入すると，$a =$ ホ＿＿＿＿＿

　　　　　よって，$y =$ マ＿＿＿＿＿

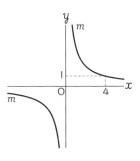

☐グラフ

・比例…原点を通る直線

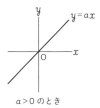

$a > 0$ のとき

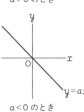

$a < 0$ のとき

・反比例…双曲線

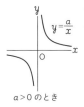

$a > 0$ のとき

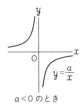

$a < 0$ のとき

☐ ポイント 双曲線のかき方
通る点の座標をできるかぎり
多く調べ，それらの点をなめ
らかな曲線で結ぶ。

☐ ここに注意 反比例のグラフ

反比例 $y = \dfrac{a}{x}$ のグラフは，

座標軸と交わらないことに注
意しよう。

比例・反比例

1 次の x, y の関係について，y を x の式で表しなさい。また，y が x に比例するものには (比)，反比例するものには(反)，どちらでもないものには($\times$)を書きなさい。　9点(3点×3)

☐(1) 100点満点のテストで，得点が x 点ならば，間違った点数は y 点です。

$\underline{\hspace{5cm}}$　(　　)

☐(2) あるお店は今日は特売日で，ふだん x 円の品物が，半額の y 円になります。

$\underline{\hspace{5cm}}$　(　　)

☐(3) 面積が $420\,\mathrm{cm}^2$ の三角形の底辺を $x\,\mathrm{cm}$ とするとき，その高さは $y\,\mathrm{cm}$ です。

$\underline{\hspace{5cm}}$　(　　)

2 次の x, y の関係を式で表しなさい。　24点(4点×6)

☐(1) y は x に比例し，$x=7$ のとき $y=21$ です。

☐(2) y は x に反比例し，$x=6$ のとき $y=-6$ です。

☐(3) y が x の関数であり，対応する x と y の積が一定で，$x=4$ のとき $y=7$ です。

☐(4) y が x の関数であり，対応する x と y の商 $\dfrac{y}{x}$（ただし，$x\neq0$）が一定で，$x=-2$ のとき $y=10$ です。

☐(5) グラフが原点を通る直線であり，点$(5,\ 3)$を通ります。

☐(6) y は x に反比例し，グラフは点$(-2,\ -8)$を通ります。

3 比例の関係 $y=\dfrac{3}{2}x$ について，次の問いに答えなさい。　8点(4点×2)

☐(1) $x=12$ に対応する y の値を求めなさい。

☐(2) $y=57$ となる x の値を求めなさい。

4 次のグラフをかきなさい。　　　　　　　20点(5点×4)

□(1)　$y = 2x$　　　　　□(2)　$y = -\dfrac{2}{5}x$

□(3)　$y = \dfrac{6}{x}$　　　　　□(4)　$y = -\dfrac{12}{x}$

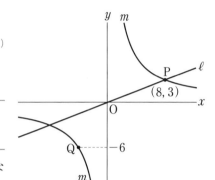

5 右の図は，比例と反比例のグラフが点 P (8, 3) で交わった図です。次の問いに答えなさい。　　15点(5点×3)

□(1)　直線 ℓ の式を求めなさい。

　　　　　　　　　　　　　_____

□(2)　双曲線 m の式を求めなさい。

　　　　　　　　　　　　　_____

□(3)　点 Q の y 座標が -6 のとき，その x 座標を求めなさい。

　　　　　　　　　　　　　_____

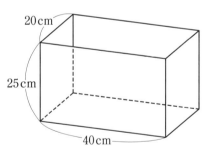

6 右の図は，直方体の形をした水そうです。次の問いに答えなさい。　　24点(6点×4)

□(1)　この水そうに，1秒間に 80 mL の割合で水を入れるとき，x 秒間に入る水の量を y mL として，y を x の式で表し，x の変域も求めなさい。

　　　　　　式 _____ ，変域 _____

□(2)　この水そうに，1秒間に m mL の割合で水を入れるとき，t 秒間で満水になるとして，t を m を用いた式で表しなさい。また，1分40秒で満水となるには，1秒間に何 mL の割合で水を入れるとよいか求めなさい。

　　　　　　　　　　　　　　　　式 _____

　　　　　　　　1秒間に水を入れる割合 _____

第5日 ステップ1 1年 平面図形

月

日

解答 別冊 p.10

以下の文中の下線部にあてはまる数やことばや式や記号を入れましょう。

① 直線と角

□(1) 右の図に，線分 AB と半直線 BC をか
き入れなさい。

・B

・C

・A

□(2) 3 点 A，B，C を頂点とする三角形を，
記号を使って ア＿＿＿＿ と表し，辺 AB と辺 BC によって
つくられる角を イ＿＿＿＿ と表す。

② 図形の移動

□(1) 右の図で，△A′B′C′は△ABC を平行移
動したものである。
AA′ に平行な線分は ウ＿＿＿＿ と エ＿＿＿＿ ，
AB と長さが等しく平行な線分は オ＿＿＿＿ である。

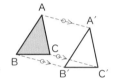

□(2) 右の図で，B，C，A′ が一直線上にあ
るとき，△A′B′C は△ABC を，点 C
を回転の中心として，時計回りに
カ＿＿＿＿ °回転したものである。
AC と長さが等しい線分は キ＿＿＿＿ である。

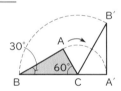

□(3) 右の図で△A′B′C′は△ABC を，直線 ℓ
を対称の軸として，対称移動したもので
ある。このとき，AM＝ ク＿＿＿＿ なの
で，直線 ℓ は線分 AA′ を 2 等分する。

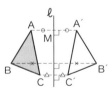

③ 作図

□(1) 線分 AB の垂直二等分線を作図
しなさい。

□ 直線，半直線，線分

・直線 AB

———•————————•———
　　A　　　　　B

・半直線 AB

　　•————————•———
　　A　　　　　B

・線分 AB

　　•————————•
　　A　　　　　B

線分 AB の長さを，2 点
A，B 間の距離という。

□ 図形の移動

・平行移動

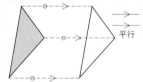

平行

・回転移動

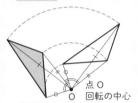

点 O
回転の中心

・対称移動

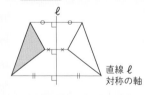

直線 ℓ
対称の軸

□ ここに注意 作図のしかた

直線をひくことだけに用いる
定規と，長さをうつしとった
り，円をかいたりすることだ
けに用いるコンパスを使って，
作図しよう。

A •————————————————• B

□(2) ∠XOY の二等分線を作図しなさい。

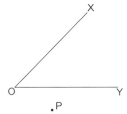

□(3) 点 P を通る直線 ℓ の垂線を作図し

なさい。←直線ℓ上に点 P がない場合。

□直線 ℓ の垂線の作図
（直線 ℓ 上に点 P がある場合）

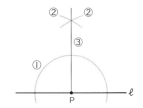

④ 円とおうぎ形の性質

□(1) 右の図で，弦 AB に対して，半径 OP は

ヶ＿＿＿＿ に交わっている。

また，AM＝コ＿＿＿＿ なので，半径 OP は

弦 AB をサ＿＿＿＿＿ している。

つまり，OP は AB のシ＿＿＿＿＿ である。

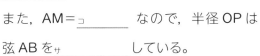

□(2) 右の図で，おうぎ形 OAB とおうぎ形

OCD の中心角が等しいとき，

$\overset{\frown}{AB}$ ＝ス＿＿＿＿ で，2 つのおうぎ形の面

積はセ＿＿＿＿＿ 。

□弧と弦・中心角

円周の A から B までの部分
を，弧 AB といい，$\overset{\frown}{AB}$ と書
く。
A，B を結んだ線分を弦 AB
という。
∠COD を $\overset{\frown}{CD}$ に対する中心
角という。

⑤ 円とおうぎ形の計量

□(1) 半径 5 cm，中心角 144° のおうぎ形の弧の長さと面積は，

(弧の長さ)＝2π×ソ＿＿＿ ×$\dfrac{タ＿＿＿}{360}$＝チ＿＿＿(cm)

(面積)＝π×ッ＿＿＿²×$\dfrac{テ＿＿＿}{360}$＝ト＿＿＿(cm²)

□(2) 半径 8 cm，弧の長さ 12π cm のおうぎ形の中心角を求め

なさい。

(解) 半径 8 cm の円の周の長さは，ナ＿＿＿ cm だから，

中心角を x°とすると，

12π：ナ＿＿＿ ＝x：360 ←弧の長さは中心角の大きさに比例する。

ナ＿＿＿ ×x＝12π×360　よって，x＝ニ＿＿＿

□ポイント おうぎ形の計量

半径が r，中心角が a° のお
うぎ形の弧の長さを ℓ，面積
を S とすると，

$\ell=2\pi r\times\dfrac{a}{360}$

$S=\pi r^2\times\dfrac{a}{360}$

または

$S=\dfrac{1}{2}\ell r$

平面図形

1 右の図について，次の問いに答えなさい。 20点(4点×5)

□(1) 直線 AB を，図にかき入れなさい。

□(2) 直線 AB と直線 CD との交点 P を，図に示しなさい。

□(3) ∠BED を，図にかき入れなさい。

□(4) 線分 AE を，図にかき入れなさい。

□(5) 直線 BE が円 A の接線となるとき，∠AEB は何度ですか。

_____

2 右の図は，辺 AD と辺 BC が平行で，対角線 AC, BD が垂直に交わる台形です。次の問いに答えなさい。 8点(4点×2)

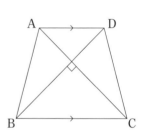

□(1) 辺 AD と辺 BC の関係を，記号を使って表しなさい。

_____

□(2) 対角線 AC と対角線 BD の関係を，記号を使って表しなさい。

_____

3 右の図で，ア〜カの三角形はすべて合同な正三角形です。次の(1)〜(6)にあてはまる三角形をすべて答えなさい。 24点(4点×6)

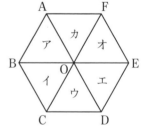

□(1) アを，平行移動した三角形 _____

□(2) アを，点 O を回転の中心として回転移動した三角形

_____

□(3) アを，点 F を回転の中心として反時計回りに 60° 回転移動した三角形

_____

□(4) アを，点 O を中心に点対称移動した三角形 _____

□(5) アを，直線 AD を対称の軸として対称移動した三角形 _____

□(6) アを，直線 CF を対称の軸として対称移動した三角形 _____

4 次の作図をしなさい。

□(1)　∠AOB＝30° となるような，半直線 OB

O ——————————————————————— A

□(2)　点 A が接点となるような，円 O の接線

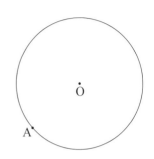

5 次のおうぎ形の弧の長さと面積を求めなさい。

16点(4点×4)

□(1)
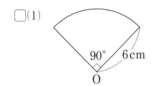

□(2)
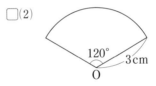

弧＿＿＿＿＿＿，面積＿＿＿＿＿＿　　　弧＿＿＿＿＿＿，面積＿＿＿＿＿＿

6 点 A は，それぞれ円の接点です。次の問いに答えなさい。

18点(6点×3)

□(1)
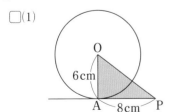

△OAP の面積を求めなさい。

＿＿＿＿＿＿＿＿

□(2)
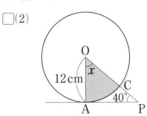

①　∠x の大きさを求めなさい。

＿＿＿＿＿＿＿＿

②　おうぎ形 OAC の面積を求めなさい。

＿＿＿＿＿＿＿＿

空間図形

解答 別冊 p.12

以下の文中の下線部にあてはまる数やことばや式や記号を入れましょう。

1 空間内の平面と直線

☐(1) 右の図のような直方体で，直線
AB と交わる直線は，直線 AD，

直線 BC，直線 AE，直線ア_____

の 4 本である。

直線 AB と平行な直線は，

直線 DC，直線イ_____，直線 HG の 3 本である。

直線 AB とねじれの位置にある直線は，

直線ウ_____，直線 CG，直線 EH，直線 FG の 4 本である。

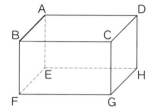

☐(2) (1)の図で，平面 ABFE と交わる直線は，

直線 AD，直線 BC，直線 FG，直線エ_____ の 4 本である。

平面 ABFE と平行な直線は，

直線 DC，直線 GH，直線オ_____，直線 DH の 4 本である。

平面 ABFE 上にある直線は，

直線カ_____，直線 BF，直線 FE，直線 AE の 4 本である。

☐(3) (1)の図で，平面 ABFE と交わる平面は，平面 ABCD，平面

キ_____，平面 EFGH，平面 AEHD の 4 つである。

平面 ABFE と平行な平面は，

平面ク_____ の 1 つである。

2 立体のいろいろな見方

☐(1) 直角三角形の直角をはさむ 1 辺を軸として 1 回

転させてできる立体をケ_____ とみることが

できる。

また，垂直にたてた線分を円周にそって 1 まわり

させたときにできる図形をコ_____ の側面と

みることができる。←このときの 1 まわりさせた線分を
母線という。

2直線の位置関係

①交わる

②平行

同じ
平面上

③ねじれの位置

交わら
ない

☐ **ポイント** ねじれの位置にある
2 直線は，次のような直線を
探そう。

・平行でなく

・交わらない

直線と平面の位置関係

①直線と平面が交わる

②直線と平面が平行

③直線が平面上にある

2平面の位置関係

①交わる

②平行

□(2) 右の投影図では，立面図が_サ＿＿＿＿＿＿，
平面図が_シ＿＿＿＿＿だから，この立体
は_ス＿＿＿＿＿＿であることがわかる。

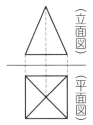

（立面図）
（平面図）

□ ここに注意 **投影図**
投影図は立面図と平面図をあわせたものである。立面図と平面図をしっかり区別しておこう。
立面図…立体を正面から見た図
平面図…立体を真上から見た図

□(3) 右の図は，母線の長さが_セ＿＿＿cm
の円錐（えんすい）の展開図である。側面になるお
うぎ形の弧（こ）の長さは，底面の円周の長
さに等しいので，_ソ＿＿＿＿＿cm で
ある。また，このとき，おうぎ形の中心
角の大きさは_タ＿＿＿＿＿°である。

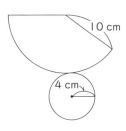

10 cm

4 cm

③ 立体の表面積・体積

□(1) 右の円柱の表面積を求めなさい。

(解) 底面積は，_チ＿＿＿＿＿cm^2
側面の展開図は，縦 8 cm，
横_ツ＿＿＿＿cm の長方形となるので側面積は，

$8×$_ツ＿＿＿$=$_テ＿＿＿(cm^2)
よって，表面積は，

_チ＿＿＿$×2+$_テ＿＿＿$=$_ト＿＿＿(cm^2)

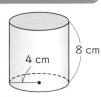

8 cm
4 cm

□ ポイント **いろいろな立体の表面積・体積**
・角柱，円柱
〔表面積〕＝〔底面積〕×2
　　　　　＋〔側面積〕
〔体積〕＝〔底面積〕×〔高さ〕
・角錐，円錐
〔表面積〕＝〔底面積〕
　　　　　＋〔側面積〕
〔体積〕＝$\frac{1}{3}$×〔底面積〕
　　　　　×〔高さ〕
※角錐や円錐の体積は，底面が合同で高さの等しい角柱や円柱の体積の$\frac{1}{3}$になる。
・球（球の半径を r）
〔表面積〕＝$4\pi r^2$
〔体積〕＝$\frac{4}{3}\pi r^3$

第**6**日

□(2) 右の円錐の体積を求めなさい。

(解) 底面積は，_ナ＿＿＿＿＿cm^2
高さは，_ニ＿＿＿＿＿cm
よって，体積は，

$\frac{1}{3}×$_ナ＿＿＿＿＿$×$_ニ＿＿＿＿＿$=$_ヌ＿＿＿＿＿(cm^3)

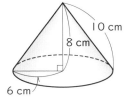

10 cm
8 cm
6 cm

□(3) 半径が 6 cm の球の表面積と体積を求めなさい。

(解) 表面積は，$4×\pi×$_ネ＿＿＿$^2=$_ノ＿＿＿＿(cm^2)

体積は，$\frac{4}{3}×\pi×$_ネ＿＿＿$^3=$_ハ＿＿＿＿(cm^3)

1 次の立体の名前を答えなさい。

12点(3点×4)

☐(1) 2つの底面が五角形で，側面がすべて長方形である立体

☐(2) 底面が正方形で，側面がすべて合同な二等辺三角形である立体

☐(3) 底面と平行な面で切ったときの切り口がすべて合同な三角形である立体

☐(4) その立体を1つの平面で切ったときの切り口が，どこで切っても円となる立体

2 次のような図形を，直線 ℓ を回転の軸として1回転させてできる立体の名前を答えなさい。

6点(3点×2)

☐(1)

（長方形）

☐(2)

（半円）

3 右の図は，直方体の一部の三角柱を切り取ってできた立体です。
この立体について，次の直線や平面の位置関係を答えなさい。

32点(4点×8)

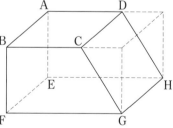

☐(1) 直線 AB と直線 BC

☐(2) 直線 AD と直線 FG

☐(3) 直線 BC と直線 DH

☐(4) 直線 BF と直線 CG

☐(5) 平面 ABCD と直線 GH

☐(6) 平面 CGHD と直線 CD

☐(7) 平面 BFGC と平面 AEHD

☐(8) 平面 ABFE と平面 CGHD

4 空間内の異なる3直線 ℓ, m, n と異なる3平面 P, Q, R の位置関係について，次のことがらがつねに成り立つものを2つ，番号で答えなさい。 10点(5点×2)

① $\ell \perp m$, $\ell \perp n$ のとき，$m /\!/ n$

② $\ell /\!/ m$, $m /\!/ n$ のとき，$\ell /\!/ n$

③ $\ell /\!/ P$, $m /\!/ P$ のとき，$\ell /\!/ m$

④ $P \perp Q$, $Q \perp R$ のとき，$P \perp R$

⑤ $P /\!/ Q$, $P \perp R$ のとき，$Q \perp R$

⑥ $P \perp Q$, $P \perp R$ のとき，$Q /\!/ R$

_____ ， _____

5 次の三角柱と正四角錐の表面積と体積を求めなさい。（単位 cm） 20点(5点×4)

(1)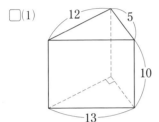

(2)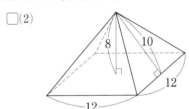

表面積_____ ， 体積_____   表面積_____ ， 体積_____

6 右の図の円錐について，次の問いに答えなさい。（単位 cm） 20点(5点×4)

(1) この円錐の体積を求めなさい。

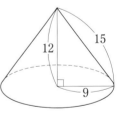

_____

(2) この円錐の側面の展開図のおうぎ形の弧の長さを求めなさい。

_____

(3) 側面の展開図のおうぎ形の中心角を求めなさい。

_____

(4) この円錐の表面積を求めなさい。

_____

2年

一次関数

解答 別冊 p.14

以下の文中の下線部にあてはまる数やことばや式や記号を入れましょう。

① 変化の割合

一次関数 $y=4x+3$ で，x の値が 0 から 2 まで変わるとき，

$x=0$ のとき，$y=$ ァ＿＿＿＿＿

$x=2$ のとき，$y=$ ィ＿＿＿＿＿

だから，x の増加量は ゥ＿＿＿＿＿，y の増加量は ェ＿＿＿＿＿

よって，変化の割合は，$\dfrac{\text{ェ}\rule{2cm}{0.4pt}}{\text{ゥ}\rule{2cm}{0.4pt}}=$ ォ＿＿＿＿＿ となる。

一次関数 $y=ax+b$ の a が変化の割合である。

② 一次関数のグラフ

(1) 一次関数 $y=2x+1$ のグラフについて，次の問いに答えなさい。

① このグラフの傾きと切片を答えなさい。

傾き ヵ＿＿＿＿＿，

切片 ｷ＿＿＿＿＿

② この一次関数のグラフを右の図にかきなさい。

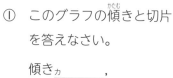

(2) 一次関数 $y=-\dfrac{2}{3}x+4$ のグラフについて，次の問いに答えなさい。

① このグラフの傾きと切片を答えなさい。

傾き ク＿＿＿＿＿，

切片 ヶ＿＿＿＿＿

② このグラフの直線は右上がりか，右下がりか，答えなさい。

 コ＿＿＿＿＿＿＿＿＿

③ この一次関数のグラフを右上の図にかきなさい。

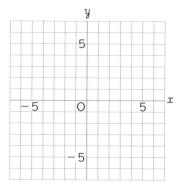

□**一次関数**

y が x の一次式で表されるとき，y は x の**一次関数**であるという。

一次関数の式

$$y=\underset{\uparrow}{\underline{ax}}\quad+\underset{}{b}$$

x に比例する部分

定数の部分

（a, b は定数）

□**一次関数の変化の割合**

x の増加量に対する y の増加量の割合を，変化の割合という。

$$\text{変化の割合}=\dfrac{y\text{の増加量}}{x\text{の増加量}}$$

一次関数 $y=ax+b$ の変化の割合は一定で，x の係数 a に等しい。

□**一次関数のグラフ**

一次関数 $y=ax+b$ のグラフ

・直線 $y=ax$ に平行
y 軸上の点 $(0, b)$ を通る。

切片

・切片 b を通り，傾き a の直線
$a>0$ のとき右上がり
$a<0$ のとき右下がり

③ 式の求め方

□(1)　y は x の一次関数で，そのグラフが点(1，3)を通り，傾き2の直線であるとき，この一次関数の式を求めなさい。

(解)　傾きは2だから，求める一次関数の式を，

$$y = \underset{サ}{\underline{\qquad}} x + b$$

とする。この直線は，点(1，3)を通るから，

$x=1$，$y=3$ を代入して b を求めると，

$$\underset{シ}{\underline{\qquad}} = \underset{サ}{\underline{\qquad}} \times \underset{ス}{\underline{\qquad}} + b$$

$$b = \underset{セ}{\underline{\qquad}}$$

よって，求める一次関数の式は，$\underset{ソ}{\underline{\qquad\qquad}}$

□(2)　y は x の一次関数で，そのグラフが2点(2，6)，(3，3)を通る直線であるとき，この一次関数の式を求めなさい。

(解)　2点(2，6)，(3，3)を通る直線の傾きは，

$$\frac{3-6}{3-2} = \frac{\underset{タ}{\underline{\qquad}}}{\underset{チ}{\underline{\qquad}}} = \underset{ツ}{\underline{\qquad}}$$

だから，求める一次関数の式を，$y = \underset{ツ}{\underline{\qquad}} x + b$ とする。

この直線は，点(2，6)を通るから，

$$\underset{テ}{\underline{\qquad}} = \underset{ツ}{\underline{\qquad}} \times \underset{ト}{\underline{\qquad}} + b$$

$$b = \underset{ナ}{\underline{\qquad}}$$

よって，求める一次関数の式は，$\underset{ニ}{\underline{\qquad\qquad}}$

□ ④ 方程式とグラフ

右の図の2直線

$$3x+4y=12 \qquad \cdots\cdots①$$

$$3x-3y=-2 \qquad \cdots\cdots②$$

の交点Pを通り，x軸に平行な直線の方程式を求めなさい。

(解)　①と②を連立方程式とみて解くと，交点Pの座標は，

$$\underset{ヌ}{\underline{\qquad\qquad}}$$

したがって，求める直線の方程式は，$\underset{ネ}{\underline{\qquad\qquad}}$

□一次関数の式の求め方

① 傾きと切片がわかるとき

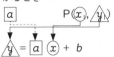

（変化の割合）

② 傾きと1点の座標がわかるとき

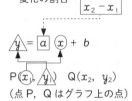

③ 2点の座標がわかるとき

$$変化の割合 = \boxed{\dfrac{y_2 - y_1}{x_2 - x_1}}$$

$$\underset{P(x_1, y_1)}{\triangle y} = \boxed{a}\, \bigcirc{x} + b \qquad Q(x_2, y_2)$$

（点P，Qはグラフ上の点）

□ **ポイント** 2点の座標がわかるときは，連立方程式を利用して求めることもできる。

③(2)　求める一次関数の式を $y=ax+b$ とすると，
$x=2$，$y=6$ だから，
$6=2a+b$ ……①
$x=3$，$y=3$ だから，
$3=3a+b$ ……②
①と②を，a と b の連立方程式とみて解く方法もある。

□ **ポイント** 交点の座標

連立方程式の解は，2直線の交点の座標と一致する。

一次関数

□ **1** 次の①〜⑥の中で，y が x の一次関数であるものを 3 つ番号で答えなさい。　9点(3点×3)

① $y=4x+3$

② $y=x^2-9$

③ $y=-2x$

④ $xy=100$

⑤ $y=5-\dfrac{x}{3}$

⑥ $y^2=7x+5$

_____, _____, _____

2 一次関数の直線 $\ell : y=3x-7$ について，次の問いに答えなさい。　18点(3点×6)

□(1) 次の文中のア，イにあてはまる数を答えなさい。

x の値が 1 から 3 まで変化するとき，y は ア から イ まで変化する。

ア：_____　　イ：_____

□(2) (1)より，x の値が 1 から 3 まで変化するときの，この一次関数の変化の割合を求めなさい。

_____

□(3) 直線 ℓ に平行で，点$(2, 2)$を通る直線 m を表す一次関数の式を求めなさい。

_____

□(4) (3)の直線 m の切片を答えなさい。

_____

□(5) (4)より，直線 m は直線 ℓ を y 軸方向にどれだけ平行移動したグラフかを答えなさい。

_____

□ **3** 下の図の直線①，②はそれぞれ，ある一次関数のグラフです。各グラフの傾き，切片を答えなさい。また，①，②を表す一次関数の式を求めなさい。　18点(3点×6)

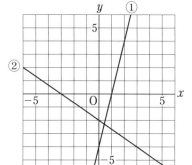

直線①

傾き_____　　切片_____　　式_____

直線②

傾き_____　　切片_____　　式_____

4 グラフが，次のようになる一次関数の式を求めなさい。　　20点(5点×4)

☐(1)　点(2, 7)を通り，傾き2の直線　　　☐(2)　点(−3, 4)を通り，切片 −2の直線

☐(3)　点(6, 2)を通り，xが3増加するとき　☐(4)　2点(1, 5)，(5, 1)を通る直線
　　　yは4減少する直線

----

5 右の図は，直線 $\ell : 3x+2y+3=0$, $m : 3x−y−6=0$ および x 軸に平行で点(0, 6)を通る直線 n を表しています。図のように，ℓ と n が点 A で，m と n が点 B で，ℓ と m が点 C で交わっています。このとき，次の問いに答えなさい。　21点(7点×3)

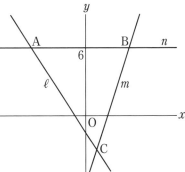

☐(1)　直線 n の式を答えなさい。

☐(2)　点 C の座標を求めなさい。

☐(3)　点 C を通り，△ABC の面積を二等分する直線を表す一次関数の式を求めなさい。

----

6 A さんは分速 60 m の速さで家から駅に向かって歩きます。A さんが家を出てから 5 分後に姉が自転車で A さんを追いかけました。このとき，次の問いに答えなさい。　14点(7点×2)

☐(1)　自転車の速さが分速 110 m のとき，姉が A さんに追いつくのは，A さんが家を出てから何分後か求めなさい。

☐(2)　家から駅までの道のりが 1.2 km のとき，A さんがちょうど駅に着いたときに姉も駅に着くようにするには，自転車を分速何 m の速さで進めればよいか求めなさい。

2年 平行と合同

解答 別冊 p.16

以下の文中の下線部にあてはまる数やことばや式や記号を入れましょう。

① 平行線と角

☐(1) 右の図で，

$\angle a = \angle e$ ならば，ア＿＿＿＿が

等しいので，ℓ イ＿＿ m

$\angle j = \angle v$ ならば，ウ＿＿＿＿が

等しいので，n エ＿＿ p

$\angle d = \angle r$ ならば，オ＿＿＿＿が等しいので，カ＿＿ //

$\angle g = \angle s$ ならば，キ＿＿＿＿が等しいので，ク＿＿ //

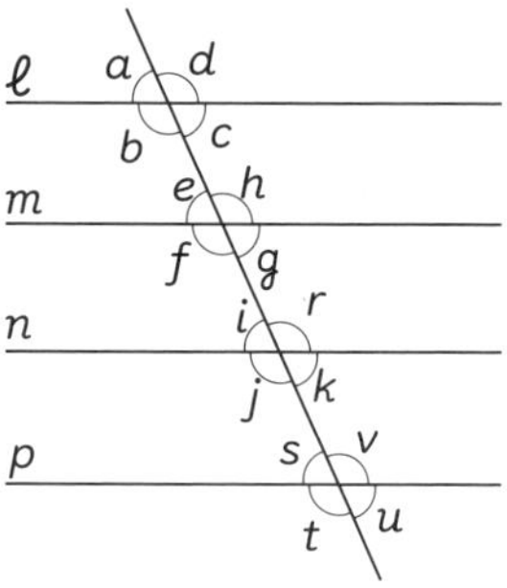

☐(2) 右の図で，$\ell /\!/ m$ のとき，

$\angle x =$ ケ＿＿＿ °

$\angle y =$ コ＿＿＿ °

$\angle z =$ サ＿＿＿ °

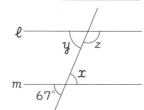

② 多角形の内角と外角

☐(1) 右の図で，$\angle x$ の大きさを求めると，三角

形の3つの内角の和はシ＿＿＿°だから，

$\angle x =$ シ＿＿＿ $° - (105° + 30°) =$ ス＿＿＿ °

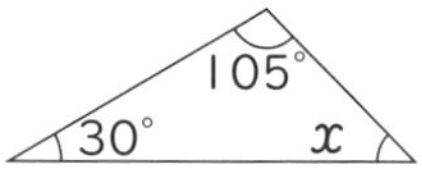

☐(2) 右の図で，$\angle x$ の大きさを求めると，三

角形の外角の性質より，

$\angle x =$ セ＿＿＿ $° - 68° =$ ソ＿＿＿ °

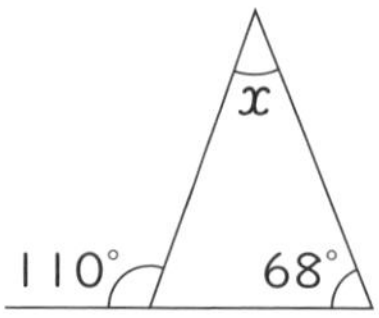

☐(3) 正八角形の1つの内角の大きさを求める。

正八角形の内角の和は，

$180° \times ($ タ＿＿＿ $- 2) =$ チ＿＿＿ °

だから，チ＿＿＿ $° \div 8 =$ ツ＿＿＿ °

よって，正八角形の1つの内角の大きさは，ッ＿＿＿°である。

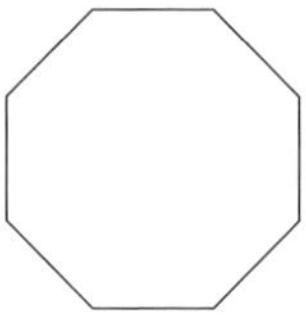

☐**対頂角・同位角・錯角**

対頂角

（対頂角はいつも等しい。）

$\angle a$ と$\angle c$

$\angle b$ と$\angle d$

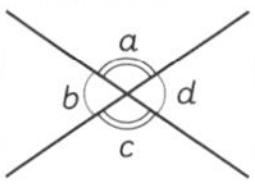

同位角

$\angle a$ と$\angle e$

$\angle b$ と$\angle f$

$\angle c$ と$\angle g$

$\angle d$ と$\angle h$

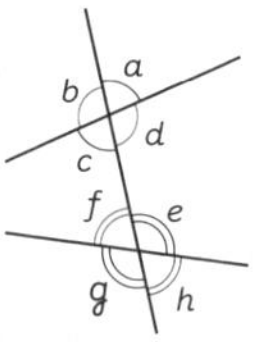

錯角

$\angle d$ と$\angle f$

$\angle c$ と$\angle e$

☐**平行と角**

2つの直線に1つの直線が

交わるとき，次のことが成り

立つ。

・2つの直線が平行ならば，

同位角 ｝は等しい。
錯　角

・同位角 ｝が等しいならば，
　錯　角

2つの直線は平行。

☐**三角形の内角と外角の性質**

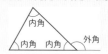

① 三角形の3つの内角の

和は180°である。

② 三角形の1つの外角は，

そのとなりにない2つ

の内角の和に等しい。

□(4) 右の図で、∠x の大きさを求めなさい。

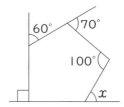

解 外角の和は ₜ____° だから，

100°の外角は ₜ____° より，

90°+60°+70°+ ₜ____°

+∠x= ₜ____°

∠x= ナ____°

□多角形の内角の和と外角の和
・n 角形の内角の和
180°×(n−2)
・多角形の外角の和
360°

※ここで，
多角形は，
右の図の
ようなへこみのある図形
をふくまない。

③ 三角形の合同条件

□(1) 右の図で、△ABC と△DEF が合同に
なるための条件を答えなさい。

① 3 組の辺が，それぞれ等しい。

AB=DE，BC=EF， ニ____

② 2 組の辺とその間の角が，それぞ
れ等しい。

・∠A=∠D，AB=DE， ヌ____

・∠C=∠F，AC=DF， ネ____

・ ノ____，BC=EF，BA=ED

③ 1 組の辺とその両端の角が，それ
ぞれ等しい。

・AB=DE， ハ____，∠B=∠E

・ ヒ____，∠B=∠E，∠C=∠F

・CA=FD，∠C=∠F，∠A=∠D

□三角形の合同条件
① 3 組の辺が，それぞれ等
しい。
② 2 組の辺とその間の角が，
それぞれ等しい。
③ 1 組の辺とその両端の角
が，それぞれ等しい。

□ ここに注意
「2 組の辺と 1 つの角が，そ
れぞれ等しい」は合同条件で
はない。2 組の辺とその間の
角であることが必要。

□(2) 右の図で、AO=BO，OD=OC
のとき，次の問いに答えなさい。

① △OAD と合同な三角形を
答えなさい。

フ____

② ①のときに使う合同条件を答えなさい。

ヘ____

③ ∠OCB=102° のとき，∠ODA の大きさを答えなさい。

ホ____

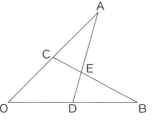

□合同な図形の性質
① 対応する辺の長さは，そ
れぞれ等しい。
② 対応する角の大きさは，
それぞれ等しい。

平行と合同

□ **1** 次の図で，ℓ∥m，n∥k のとき，∠a 〜∠e の大きさを求めなさい。　20点(4点×5)

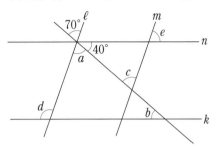

∠a=＿＿＿＿，　　∠b=＿＿＿＿，　　∠c=＿＿＿＿，

∠d=＿＿＿＿，　　∠e=＿＿＿＿

2 次の図で，∠a の大きさを求めなさい。　10点(5点×2)

□(1)

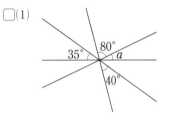

□(2)

（ただし，ℓ∥m）

＿＿＿＿＿＿＿　　　　　　　　　　　　＿＿＿＿＿＿＿

3 次の図で，平行である直線を2組ずつ，記号 ∥ を使って答えなさい。　16点(4点×4)

□(1)

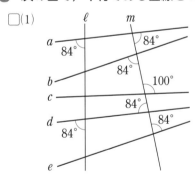

□(2)

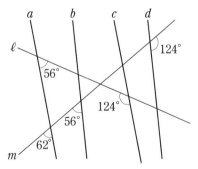

＿＿＿＿＿，＿＿＿＿＿　　　　　　　＿＿＿＿＿，＿＿＿＿＿

□ **4** 2つの内角の大きさが，28°，52°の三角形は，どのような三角形ですか。鋭角三角形，直角三角形，鈍角三角形のうちから答えなさい。　4点

＿＿＿＿＿＿＿

5 次の図で，直線 ℓ と直線 m が平行のとき，∠x の大きさを求めなさい。　　　　10点(5点×2)

(1)

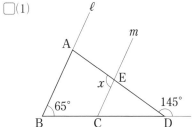

(2)

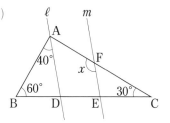

_____　　　　_____

6 次の図で，∠x の大きさを求めなさい。　　　　16点(4点×4)

(1)

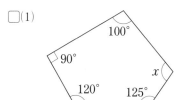

(2)

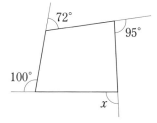

_____　　　　_____

(3)

正五角形

(4)

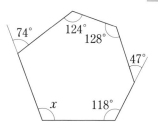

_____　　　　_____

7 次の図の中に，合同な三角形が 3 組あります。記号 ≡ を使って表しなさい。また，そのときの合同条件をかきなさい。（単位 cm）　　　　24点(4点×6)

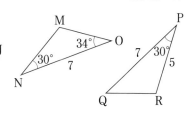

・　_____，_____

・　_____，_____

・　_____，_____

第**8**日

35

2年

図形の性質と証明

解答 別冊 p.18

以下の文中の下線部にあてはまる数やことばや式や記号を入れましょう。

① 二等辺三角形と正三角形

右の図で，四角形 ABCD は正方形，
△EBC は正三角形である。このとき，
次の問いに答えなさい。

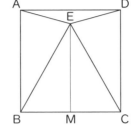

□(1) ∠AED の大きさを求めなさい。

△EBC は正三角形だから，

EB＝BC＝ァ_____

∠BEC＝∠EBC＝∠ィ_____＝60°

△ABE は，AB＝EB より，ゥ_____三角形。

∠ABE＝90°－60°＝30° より，∠BAE＝ェ_____°

△ABE ォ_____△DCE だから，ヵ_____＝DE

△AED は ‍ ‍ ‍ ‍ ‍ ‍ ‍ ‍ ‍ ‍ ‍ ‍ ‍ ‍ ‍キ_____三角形だから，∠AED＝ク_____°

□(2) 点 M が BC の中点のとき，△EMC はどんな三角形になり
ますか。

ケ_____

② 証明

四角形 ABCD で，∠BAC＝∠DAC，
AB＝AD ならば，BC＝DC であるこ
とを証明しなさい。

〔仮定〕コ_____，サ_____

〔結論〕シ_____

(証明) △ABC と△ADC で，

仮定より，∠BAC＝∠DAC……①，AB＝AD……②

共通な辺だから，ス_____＝_____……③

①，②，③から，セ_____が，それぞれ

等しいので，ソ_____≡タ_____

合同な図形では，対応するチ_____は等しいので，

BC＝DC

□二等辺三角形

（定義）

2 つの辺が等しい三角形を二
等辺三角形という。

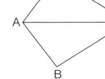

（定理）

・二等辺三角形の 2 つの底
角は等しい。

・二等辺三角形の頂角の二等
分線は，底辺を垂直に 2
等分する。

・2 つの角が等しい三角形は，
二等辺三角形である。

□正三角形

（定義）

3 つの辺がすべて等しい三角
形を正三角形という。

□ ポイント 証明の進め方

仮定 ⇨ 結論

仮定から出発し，すでに正し
いと認められていることがら
を根拠として，結論を導く。

□ ここに注意

結論を証明の説明に使っては
ならない。

❸ 平行四辺形

平行四辺形 ABCD で，右の図の
ように，対角線の交点 O を通る
AD に平行な直線をひき，辺 AB，
DC との交点をそれぞれ E，F と
する。EO＝5 cm，CD＝8 cm，
∠OFD＝120° であるとき，次の問いに答えなさい。

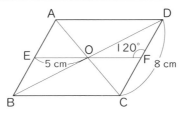

- □(1)　辺 AB の長さを求めなさい。　　　　　AB＝_ッ＿＿＿＿＿ cm

- □(2)　△AEO≡△CFO を証明しなさい。

  (証明)　△AEO と△CFO で，

  　　　_テ＿＿＿＿＿＿は等しいから，∠AOE＝∠COF　……①
  平行線の錯角は等しいので，

  　　　∠OAE＝_ト＿＿＿＿＿　……②

  平行四辺形の_ナ＿＿＿＿＿は，それぞれの中点で交わる

  ので，AO＝_ニ＿＿＿＿＿　……③

  　　①，②，③から，_ヌ＿＿＿＿＿＿＿が，それぞれ
  等しいので，△AEO≡△CFO

- □(3)　線分 OF の長さを求めなさい。　　　　OF＝_ネ＿＿＿＿＿ cm

- □(4)　∠EBC の大きさを求めなさい。　　　　∠EBC＝_ノ＿＿＿＿＿°

□ ❹ 平行線と面積

右の図で，四角形 ABCD は平行四
辺形で，AC∥EF とします。
このとき，△AEC と面積の等しい三
角形を 3 つ答えなさい。

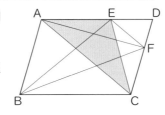

(解)　辺 AC を底辺とすると，

　高さが等しいから，△AEC＝△_ハ＿＿＿＿＿

　辺 AE を底辺とすると，高さが等しいから，

　　△AEC＝△_ヒ＿＿＿＿＿

　辺 CF を底辺とすると，△_ハ＿＿＿＿＿＝△_フ＿＿＿＿＿

　よって，△AEC＝△_フ＿＿＿＿＿

□平行四辺形の性質

① 2組の向かいあう辺は，
それぞれ等しい。

② 2組の向かいあう角は，
それぞれ等しい。

③ 対角線は，それぞれの中
点で交わる。

□平行四辺形になるための条件

① 2組の向かいあう辺が，
それぞれ平行。（定義）
② 2組の向かいあう辺が，
それぞれ等しい。
③ 2組の向かいあう角が，
それぞれ等しい。
④ 対角線が，それぞれの中
点で交わる。
⑤ 1組の向かいあう辺が，
等しくて平行。

□平行線と面積

下の図において，PQ∥AB
ならば，底辺と高さが等しく
なるので，△PAB＝△QAB

図形の性質と証明

1 次の図で，∠*x* の大きさを求めなさい。　　　　　　　　　　16点(4点×4)

□(1) 　AB＝AC

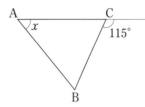

□(2) 　AB＝AD

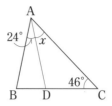

_____

□(3) 　AC＝BC

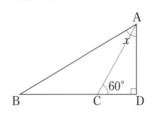

□(4) 　AB＝AC，∠ABD＝∠CBD

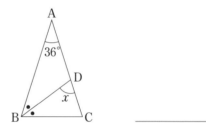

_____

□**2** 右の図で，△ABC と△DCE が正三角形ならば，AE＝BD
です。次の証明の下線部にあてはまるものを答えなさい。

24点(4点×6)

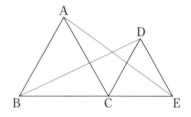

〔仮定〕 ァ_____

〔結論〕 ィ_____

〔証明〕　△ACE と△BCD において，

　　　　AC＝BC　　　（根拠…ゥ_____ より。）　……①

　　　　CE＝CD　　　（根拠…△DCE が正三角形より。）　　　　……②

　　　　∠DCE＝∠BCA　（根拠…ェ_____ より。）　……③

　　　　∠ACE＝∠BCD　（根拠…③と∠ACD が共通より。）　　　……④

　　①，②，④より，ォ_____ が，それぞれ等しいから，△ACE≡△BCD

　　よって，AE＝BD　（根拠…ヵ_____。）

3 右の図のように，平行四辺形 ABCD に，AD∥EF，
∠BCG＝45° となる 2 本の直線 EF，CG をひき，その交点
を O としたものを考えます。点 O を通り，AB に平行な直線
HI をひき，点 O から直線 BC にひいた垂線と BC との交点
を J とするとき，次の問いに答えなさい。

18点(6点×3)

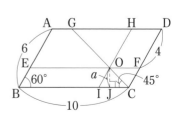

□(1) 線分 OI の長さを求めなさい。

_____

□(2) OJ=a, IJ=1 のとき, 線分 EO の長さを a を使って表しなさい。

_____

□(3) ∠COH の大きさを求めなさい。

_____

□ **4** 右の図のような平行四辺形 ABCD の ∠B と ∠D の二等分線をひき，辺 BC，AD との交点をそれぞれ E，F とするとき，四角形 BEDF は，平行四辺形になります。このことを証明しなさい。　24点

〔証明〕

- -

- -

- -

- -

- -

- -

- -

- -

- -

ヒント

FD∥BE，BF∥ED を示せばよい。

∠B=∠D から，∠B の二等分線によりつくられる角(図中の・印)と，∠D の二等分線によりつくられる角(図中の×印)はすべて等しいことに着目する。

□ **5** 平行四辺形 ABCD に，「AC⊥BD」の条件を加えると，どんな四角形になるか答えなさい。

8点

_____

□ **6** 下の図のような四角形 ABCD の辺 BC の延長線上に点 P をとり，△ABP の面積が四角形 ABCD の面積と等しくなるようにします。点 P の位置を求めなさい。　10点

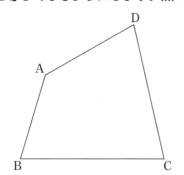

データの活用，箱ひげ図，確率

解答 別冊 p.20

以下の文中の下線部にあてはまる数やことばや式や記号を入れましょう。

① 度数分布表

下の表は，1年生40人の垂直とびの記録をまとめたものである。

階級(cm)	度数(人)	累積度数(人)	相対度数	累積相対度数
以上　未満				
25～30	2	2	0.050	0.050
30～35	3	5	0.075	0.125
35～40	5	10	0.125	0.250
40～45	12	ア	イ	ウ
45～50	7	29	0.175	0.725
50～55	6	35	0.150	0.875
55～60	4	39	0.100	0.975
60～65	1	40	0.025	1.000
計	40		1	

□(1) 上の表の空欄をうめなさい。

□(2) 階級の幅は ｴ＿＿＿＿cm で，55 cm 以上とんだ人は

　　 ｵ＿＿＿＿人で，10番目に高くとんだ人は ｶ＿＿＿＿＿＿＿

　　の階級にいることがわかる。

□(3) とんだ記録が40 cm 未満の人は全体の ｷ＿＿＿＿％，50 cm

　　以上の人は全体の ｸ＿＿＿＿％ である。

□(4) 1年生40人の垂直とびの記録の平均値を求める。

　　それぞれの階級について，(階級値)×(度数)を求めると，

　　　　55, 97.5, 187.5, 510, 332.5, 315, 230, 62.5

　　だから，平均値は，1790÷ ｹ＿＿＿＿＿＝ｺ＿＿＿＿

　　よって， ｻ＿＿＿＿cm となる。

② 四分位数と箱ひげ図

下のデータは，1年生16人の1か月に読んだ本の冊数である。

5 2 8 1 10 2 3 12 2 3 2 0 5 8 1 4 （冊）

□(1) 平均値は ｼ＿＿＿＿冊，中央値は ｽ＿＿＿＿冊，

　　最頻値は ｾ＿＿＿＿冊である。

□ **度数分布表**
度数の分布をわかりやすくするために，階級に応じて度数を整理した表を度数分布表という。

□ **累積度数**
最初の階級から，ある階級までの度数の合計を累積度数という。

□ **相対度数**
それぞれの階級の度数の，全体に対する割合を，その階級の相対度数という。

□ **ポイント 相対度数の求め方**

$$相対度数＝\frac{階級の度数}{度数の合計}$$

□ **累積相対度数**
最初の階級から，ある階級までの相対度数の合計を累積相対度数という。

□ **ポイント 度数分布表から平均値を求める方法**
(階級値)×(度数)を合計した値を度数の総数でわる。

□(2) 最小値は_ソ＿＿＿＿冊，最大値は_タ＿＿＿＿冊だから，

範囲は_チ＿＿＿＿冊である。

□(3) 第１四分位数は_ツ＿＿＿＿＿冊，第２四分位数(中央値)は

_テ＿＿＿＿冊，第３四分位数は_ト＿＿＿＿冊だから，

四分位範囲は_ナ＿＿＿＿冊である。

□(4) このデータの箱ひげ図をかきなさい。

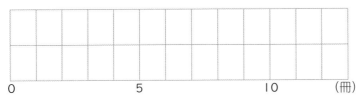

③ 確率

□(1) ①②③④の４枚のカードがあります。この４枚のカードを箱に入れて，そこから１枚ずつ続けて取り出し，１枚目を十の位，２枚目を一の位として，２けたの整数をつくります。

① ２けたの整数が30以上の数となる確率を求めなさい。

(解) ２枚のカードの並べ方は全部で_ニ＿＿＿＿通り。

30以上の数は，31，32，_ヌ＿＿＿＿，41，42，43の

_ネ＿＿＿＿通りだから，２けたの整数が30以上の数となる確率は，_ノ＿＿＿＿

② ２けたの整数が３の倍数となる確率を求めなさい。

(解) ３の倍数となるのは，12，21，_ハ＿＿＿＿，＿＿＿＿の

_ヒ＿＿＿＿通りだから，３の倍数となる確率は，_フ＿＿＿＿

□(2) 箱の中にA〜Eの文字が，それぞれ書かれた玉が１個ずつ入っています。箱から玉を１個取り出してもどすことを２回続けて行うとき，それがAとBである確率を求めなさい。

(解) １回目の取り出し方には_ヘ＿＿＿＿通りあり，そのそれぞれに２回目の取り出し方が_ホ＿＿＿＿通りあるので，全部で_マ＿＿＿＿通り。

１回目と２回目でAとBが出るのは，順にA，Bまたは，B，Aの２通りだから，求める確率は，_ミ＿＿＿＿

□**四分位数**

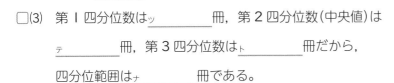

第１四分位数　第３四分位数

第２四分位数（中央値）

□**四分位範囲**

第３四分位数

－第１四分位数

□**箱ひげ図**

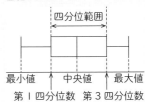

四分位範囲

最小値　中央値　最大値

第１四分位数　第３四分位数

□ ここに注意

箱ひげ図の箱の中の縦線は，平均値を表しているわけではないので注意する。

□**確率**

起こる場合が全部でn通りあり，そのどれもが起こることも同様に確からしいとする。そのうち，ことがらAの起こる場合がa通りあるとき，ことがらAの起こる確率

$$p = \frac{a}{n} \quad (0 \leqq p \leqq 1)$$

かならず起こる確率
　$p = 1$
けっして起こらない確率
　$p = 0$

□ ここに注意 **問題はよく読もう**

起こり方，やり方が少し異なるだけで，確率は違ってくる。
・順序は関係するかしないか
・玉をもどすかもどさないか
など。

第**10**日

41

データの活用，箱ひげ図，確率

1 下の表は，A 中学校と B 中学校の 1 年生について，通学時間について調べ，その結果をまとめたものです。次の問いに答えなさい。

21点(3点×7)

階級 (分)	A 中学校			B 中学校		
	度数 (人)	相対度数	累積相対度数	度数 (人)	相対度数	累積相対度数
以上　未満						
0 ～ 10	8	0.100	0.100	3	0.030	0.030
10 ～ 20	20	0.250			0.180	0.210
20 ～ 30	26	0.325	0.675	24	0.240	0.450
30 ～ 40	12	0.150	0.825	32	0.320	0.770
40 ～ 50	10		0.950	15	0.150	
50 ～ 60	4	0.050	1.000	8	0.080	1.000
計	80	1.000		100	1.000	

□(1) 上の表の空欄をうめなさい。

□(2) A 中学校で，中央値がふくまれる階級の階級値を答えなさい。

□(3) B 中学校で，通学時間が 20 分未満の生徒は何人ですか。

□(4) 通学時間が 30 分未満の生徒の割合が大きいのは，どちらの中学校ですか。

2 下のデータは，12 人の生徒に 10 点満点の計算テストを行った結果です。次の問いに答えなさい。

24点(4点×6)

9　6　8　5　4　4　6　9　6　10　8　3　　　　(点)

□(1) このデータの平均値を求めなさい。

□(2) このデータの四分位数を求めなさい。

第 1 四分位数 _____ 第 2 四分位数 _____ 第 3 四分位数 _____

□(3) このデータの範囲を求めなさい。

□(4) このデータの箱ひげ図をかきなさい。

```
0              5              10 (点)
```

3 消しゴムの，ある１つの面を表面と
決めて，机の上で 100 回ころがし，
表面が上になる回数を調べてみまし

ころがした回数(回)	20	40	60	80	100
表面の出た回数(回)	11	26	①	49	61
表面の出た割合	0.55	0.65	0.60	0.61	②

た。右の表は，表面が上になった回数とその割合を記録したものです。次の問いに答えなさ

い。 12点(4点×3)

☐(1) 表の中の①，②にあてはまる数を求めなさい。

① ＿＿＿＿＿＿＿ ② ＿＿＿＿＿＿＿

☐(2) この消しゴムをころがしたとき，表面が出る確率はどのくらいと考えられますか。

＿＿＿＿＿＿＿

4 次の確率を求めなさい。 16点(4点×4)

☐(1) １枚の硬貨を投げるとき，表が出る確率

＿＿＿＿＿＿＿

☐(2) ２枚の硬貨を投げるとき，２枚とも表が出る確率

＿＿＿＿＿＿＿

☐(3) ３枚の硬貨を投げるとき，３枚とも裏が出る確率

＿＿＿＿＿＿＿

☐(4) ３枚の硬貨を投げるとき，２枚は表，１枚は裏が出る確率

＿＿＿＿＿＿＿

5 さいころを投げるとき，次の確率を求めなさい。 12点(4点×3)

☐(1) １つのさいころを投げて，３以上の目が出る確率

＿＿＿＿＿＿＿

☐(2) ２つのさいころを投げて，出た目の数の和が７となる確率

＿＿＿＿＿＿＿

☐(3) ２つのさいころを投げて，少なくとも一方は３以上の目が出る確率

＿＿＿＿＿＿＿

6 ５本のうち，あたりが２本入っているくじがあります。次の確率を求めなさい。

15点(5点×3)

☐(1) １本のくじをひいたとき，はずれくじである確率

＿＿＿＿＿＿＿

☐(2) ２本のくじを同時にひいたとき，２本ともあたりくじである確率

＿＿＿＿＿＿＿

☐(3) まず１本目のくじをひき，そのくじをもとにもどしたあと，２本目をひいて２本ともあ
たりくじである確率

＿＿＿＿＿＿＿

1 次の計算をしなさい。

30点(5点×6)

☐(1)　$5+(-3)\times 2$　〔富山県〕　☐(2)　$2\times(-3)^2-22$　〔大阪府〕

☐(3)　$\dfrac{3x-2}{4}-\dfrac{x-3}{6}$　〔愛知県改題〕　☐(4)　$4(2x-y)-(7x-3y)$　〔広島県〕

☐(5)　$52a^2b\div(-4a)$　〔神奈川県〕　☐(6)　$6x^2y\times\dfrac{2}{9}y\div 8xy^2$　〔京都府〕

(1)	
(2)	
(3)	
(4)	
(5)	
(6)	

2 次の問いに答えなさい。

20点(5点×4)

☐(1)　$x=-2$，$y=3$ のとき，$(2x-y-6)+3(x+y+2)$ の値を求めなさい。　〔群馬県〕

☐(2)　一次方程式 $-4x+2=9(x-7)$ を解きなさい。
〔2021年度 東京都改題〕

☐(3)　等式 $4x+3y-8=0$ を y について解きなさい。　〔和歌山県〕

☐(4)　150 を素因数分解しなさい。　〔2020年度 青森県改題〕

(1)	
(2)	
(3)	
(4)	

3 電子レンジで食品 A を調理するとき，電子レンジの出力を x W，食品 A の調理にかかる時間を y 分とすると，y は x に反比例する。電子レンジの出力が 500W のとき，食品 A の調理にかかる時間は 8 分である。

次の(1)，(2)の問いに答えなさい。　〔岐阜県〕

10点(5点×2)

(1)	
(2)	

☐(1)　y を x の式で表しなさい。

☐(2)　電子レンジの出力が 600W のとき，食品 A の調理にかかる時間は，何分何秒であるかを求めなさい。

☐ **4** Aさんは家から1800m離れた駅まで行くのに，はじめ分速60mで歩いていたが，途中から駅まで分速160mで走ったところ，家から出発してちょうど20分後に駅に着いた。次の　　　は，Aさんが家から駅まで行くのに，歩いた道のりと，走った道のりを，連立方程式を使って求めたものである。　①　～　④　に，それぞれあてはまる適切なことがらを書き入れなさい。　　　　　　　　　　　　　　　　　〔三重県〕

20点(5点×4)

①	
②	
③	
④	

歩いた道のりを x m，走った道のりを y m とすると，

$$\begin{cases} \boxed{①} = 1800 \\ \boxed{②} = 20 \end{cases}$$

これを解くと，$x = \boxed{③}$，$y = \boxed{④}$

歩いた道のりは $\boxed{③}$ m，走った道のりは $\boxed{④}$ m となる。

☐ **5** ある都市の，1月から12月までの1年間における，月ごとの雨が降った日数を調べた。表1は，その結果をまとめたものである。ただし，6月に雨が降った日数を a 日とする。このとき，次の(1)，(2)の問いに答えなさい。　　〔静岡県〕

15点(5点×3)

(1)	
(2)	ア
	イ

表1

月	1	2	3	4	5	6	7	8	9	10	11	12
日数(日)	4	6	7	10	7	a	10	15	16	7	13	7

☐(1) この年の，月ごとの雨が降った日数の最頻値を求めなさい。

☐(2) この年の，月ごとの雨が降った日数の範囲は12日であり，月ごとの雨が降った日数の中央値は8.5日であった。このとき，次のア，イにあてはまる数を書き入れなさい。

a がとりうる値の範囲は，$\boxed{\ ア\ } \leqq a \leqq \boxed{\ イ\ }$ である。

☐ **6** 右の図のように，箱の中に，−3，−2，0，1，2，3の数字が1つずつ書かれた6枚のカードが入っている。この箱の中から同時に2枚のカードを取り出すとき，2枚のカードに書かれた数の和が正の数となる確率を求めよ。ただし，どのカードが取り出されることも同様に確からしいものとする。

〔愛媛県〕

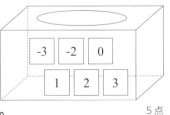

5点

時間 **40** 分 | 目標 **70** 点

得点

点

解答 別冊 p.23

1 次の計算をしなさい。

24点(4点×6)

□(1) $8-(2-5)$ 〔愛知県改題〕 □(2) $1+2\times(-4)$ 〔群馬県〕

□(3) $1+3\times\left(-\dfrac{2}{7}\right)$ 〔和歌山県〕 □(4) $-(2x-y)+3(-5x+2y)$ 〔愛媛県〕

□(5) $4(3x+y)-6\left(\dfrac{5}{6}x-\dfrac{4}{3}y\right)$ 〔京都府〕 □(6) $(-5a)^2\times8b\div10ab$ 〔静岡県〕

(1)	
(2)	
(3)	
(4)	
(5)	
(6)	

2 次の問いに答えなさい。

25点(5点×5)

□(1) 六角形の内角の和を求めなさい。 〔福島県〕

□(2) 一次方程式 $2(x-1)=-6$ を解きなさい。

〔長野県 2020 年度問 1 より〕

□(3) $a=2$，$b=-3$ のとき，$-\dfrac{12}{a}-b^2$ の値を求めなさい。 〔愛媛県〕

(1)	
(2)	
(3)	
(4)	
(5)	

□(4) 連立方程式 $\begin{cases} ax+by=10 \\ bx-ay=5 \end{cases}$ の解が $x=2$，$y=1$ であるとき，a，b の値を求めなさい。

〔神奈川県改題〕

□(5) 右の図のように，$\angle B=90°$ である直角三角形 ABC がある。DA＝DB＝BC となるような点 D が辺 AC 上にあるとき，$\angle x$ の大きさを求めなさい。 〔富山県〕

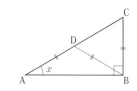

3 右の図は，ある立体の投影図です。この立体の
展開図として適切なものを，下の①～④の中
から選び，その番号を書きなさい。〔広島県〕

5点

立面図

平面図

① 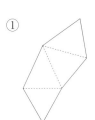　② 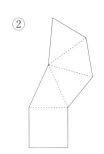　③ 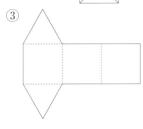　④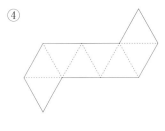

4 右の図のように，関数 $y=ax+b$…⑦
のグラフ上に2点A，Bがあり，点Aの
座標が(1，9)，点Bの座標が(−2，0)
である。
このとき，次の各問いに答えなさい。

〔三重県改題〕

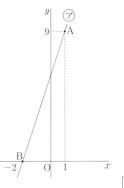

□(1) a，b の値を求めなさい。

10点(5点×2)

□(2) 原点をOとし，△OABを x 軸を軸として1回転させてで
きる立体の体積を求めなさい。
ただし，円周率は π とし，座標軸の1目もりを1cmとす
る。

(1)	
(2)	

5 図1のように，1辺の長さが9cmの立方体状の
容器に，水面が頂点A，B，Cを通る平面となるよ
うに水を入れた。次に，この容器を水平な台の上
に置いたところ，図2のように，容器の底面から
水面までの高さが x cmになった。x の値を求めな
さい。〔岐阜県〕

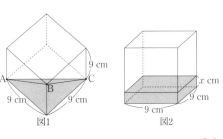

5点

6 右の図のように，正三角形 ABC があり，辺 AC 上に点 D をとる。また，正三角形 ABC の外側に正三角形 DCE をつくる。このとき，次の問いに答えなさい。 〔2021 年度 青森県改題〕

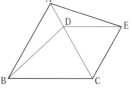

□(1) △BCD≡△ACE であることを次のように証明した。

　あ ， い には式， う には適切な内容をそれぞれ入れなさい。

［証明］

△BCD と △ACE について

　　△ABC と △DCE は正三角形だから，

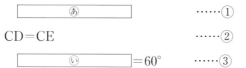

　　　　　　　あ　　　　　　……①

　　CD＝CE　　　　　　　　　……②

　　　　　　　い　　＝60°　　……③

　　①，②，③から，

　　　　　　　う　　　がそれぞれ等しいので，

　　　　△BCD≡△ACE

25 点(5 点×5)

(1)	あ
	い
	う

(2)	①
	②

□(2) 四角形 ABCE の周の長さが 21 cm のとき，次の問いに答えなさい。

① AB＝a cm，CD＝b cm としたとき，辺 AE の長さを a，b を用いて表しなさい。

② △ABD の周の長さが 13 cm のとき，正三角形 DCE の 1 辺の長さを求めなさい。

7 右の図で，四角形 ABCD の辺 AB 上に点 P，辺 BC 上に点 Q，辺 CD 上に点 R があるひし形 PBQR を，定規とコンパスを用いて作図しなさい。なお，作図に用いた線は消さずに残しておきなさい。

〔三重県改題〕

6 点

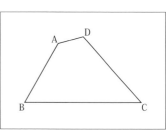

取りはずしてご使用ください。

ホントにわかる
中1・2年の総復習
数学

解答と解説

新興出版社

ステップ **1**

① ア 8　イ 5　ウ ＜

② (1) エ 4　オ −2

　　(2) カ $-\dfrac{7}{6}$　キ $\dfrac{7}{6}$　ク $-\dfrac{7}{2}$

　　(3) ケ −9　コ 9　サ −4　シ 9
　　　　ス −13

③ (1) セ 3　ソ 5

　　(2) タ 3　チ 3

④ (1) ツ $18a$　テ $\dfrac{b-c}{7}$　ト $18a-\dfrac{b-c}{7}$

　　(2) ナ −4　ニ −7　ヌ −6

⑤ (1) ネ $9y$　ノ $14y$　ハ $5y$

　　(2) ヒ 2　フ 3　ヘ $2b$　ホ $3b$　マ $\dfrac{a+b}{6}$

　　(3) ミ ＋　ム $2x$

⑥ メ $16-3b$　モ $\dfrac{16-a}{3}$

解説

⑥　$\dfrac{a+3b}{2}=8$ を a について解くと，

両辺に 2 をかけて，$a+3b=16$
$3b$ を移項して，$a=16-3b$

$\dfrac{a+3b}{2}=8$ を b について解くと，

両辺に 2 をかけて，$a+3b=16$
a を移項して，$3b=16-a$

両辺を 3 でわって，$b=\dfrac{16-a}{3}$　$\left(b=\dfrac{16}{3}-\dfrac{a}{3}\right)$

ステップ **2**

1 (1) $-\dfrac{1}{3}<-\dfrac{1}{4}$

　　(2) $-5<+2<+4.8$

2 (1) -21　(2) -1.5　(3) $\dfrac{3}{7}$　(4) $-\dfrac{3}{2}$

　　(5) 12　(6) -12　(7) $-\dfrac{1}{4}$　(8) $\dfrac{1}{2}$

3 (1) $2^2\times7^2$　(2) $2^3\times3^2\times5$

4 (1) $\dfrac{27a}{b}$　(2) $\dfrac{a^2}{6}-\dfrac{a}{5}$

5 (1) $-2x+4y$　(2) $5x-8y$

　　(3) $3a-2b$　(4) $\dfrac{3a-4b}{2}$

6 (1) $-42xy$　(2) $-3y$　(3) 1　(4) $-\dfrac{3ab}{2}$

7 (1) $y=\dfrac{12-5x}{4}$　(2) 30

解説

1 (1) $-\dfrac{1}{3}$ の絶対値は $\dfrac{1}{3}$，$-\dfrac{1}{4}$ の絶対値は $\dfrac{1}{4}$

だから，$-\dfrac{1}{3}<-\dfrac{1}{4}$

(2)正の数は負の数より大きい。
　$+2$ の絶対値は 2，$+4.8$ の絶対値は 4.8
　だから，$-5<+2<+4.8$

> 3つの数の大小関係を表すとき，間に入る不等号は同じ向きにする。

2 (1)　$(-4)+(-9)-(+8)$
　　　$=-4-9-8=-21$
(2)　$(+0.6)-(+0.7)+(-1.4)$
　　　$=0.6-0.7-1.4$
　　　$=0.6-2.1=-1.5$

(3)　$\left(-\dfrac{2}{7}\right)-\left(-\dfrac{5}{7}\right)$
　　　$=-\dfrac{2}{7}+\dfrac{5}{7}=\dfrac{3}{7}$

(4)　$\left(-\dfrac{5}{6}\right)-\left(+\dfrac{2}{3}\right)$
　　　$=\left(-\dfrac{5}{6}\right)-\left(+\dfrac{4}{6}\right)$
　　　$=-\dfrac{5}{6}-\dfrac{4}{6}$
　　　$=-\dfrac{9}{6}=-\dfrac{3}{2}$

(5)　$(-42)\div(+7)\times(-2)$
　　　$=(-6)\times(-2)$
　　　$=12$

(6) $(-4^2)\times(+3)\div(-2)^2$

$=(-16)\times(+3)\div4$

$=(-48)\div4$

$=-12$

(7) $\left(-\dfrac{2}{5}\right)\times\left(+\dfrac{5}{8}\right)$

$=-\left(\dfrac{2}{5}\times\dfrac{5}{8}\right)$

$=-\dfrac{1}{4}$

(8) $\left(-\dfrac{5}{6}\right)\div\left(-\dfrac{5}{3}\right)$

$=\dfrac{5}{6}\times\dfrac{3}{5}$

$=\dfrac{1}{2}$

3 (1)
```
2)196
2) 98
7) 49
    7
```
$196=2^2\times7^2$

(2)
```
2)360
2)180
2) 90
3) 45
3) 15
    5
```
$360=2^3\times3^2\times5$

4 (2) $a\times a\div6$ は $\dfrac{a^2}{6}$, $a\div5$ は $\dfrac{a}{5}$ だから,

$a\times a\div6-a\div5=\dfrac{a^2}{6}-\dfrac{a}{5}$

5 (1) $4x-y-6x+5y$

$=4x-6x-y+5y$

$=-2x+4y$

(2) $6x-(x+8y)$

$=6x-x-8y$

$=5x-8y$

(3) $4(2a-3b)-5(a-2b)$

$=8a-12b-5a+10b$

$=3a-2b$

(4) $a-b-\dfrac{-a+2b}{2}$

$=\dfrac{2(a-b)-(-a+2b)}{2}$

$=\dfrac{2a-2b+a-2b}{2}$

$=\dfrac{3a-4b}{2}$

6 (1) $(-6x)\times7y$

$=(-6)\times7\times x\times y$

$=-42xy$

(2) $15xy\div(-5x)$

$=-\dfrac{15xy}{5x}$

$=-3y$

(3) $6ab\div(-3b)\div(-2a)$

$=\dfrac{6ab}{3b\times2a}$

$=1$

(4) $\left(-\dfrac{2}{7}a^2b\right)\div\dfrac{4}{21}a$

$=\left(-\dfrac{2a^2b}{7}\right)\div\dfrac{4a}{21}$

$=\left(-\dfrac{2a^2b}{7}\right)\times\dfrac{21}{4a}$

$=-\dfrac{3ab}{2}$

7 (1) $5x+4y-12=0$

$4y=12-5x$

$y=\dfrac{12-5x}{4}$ $\left(y=3-\dfrac{5}{4}x\right)$

(2) $3x(2x-5y)-4x(3x-2y)$

$=6x^2-15xy-12x^2+8xy$

$=-6x^2-7xy$

この式に, $x=3$, $y=-4$ を代入すると,

$-6\times3^2-7\times3\times(-4)$

$=-54+84$

$=30$

┌─ 入試につながる ◀
・四則計算の中で, 最も計算ミスしやすいのが減法である。 - でくくられたかっこをふくむ計算問題
や, 分子が多項式の分数の前に - のつく計算問題には注意しよう。(加法になおすとよい)
・乗除だけの計算は, まず答えの符号(+ か -)を決定し, あとは1つの分数の形で計算しよう。
・式の値を求めるとき, 与えられた式が簡単な式になおせるときは, 簡単にしてから代入しよう。

ステップ1	
①	ア 4　イ 13
②	(1) ウ 3　エ −7
	(2) オ 12　カ 6
	(3) キ $3x$　ク 6　ケ 3
	(4) コ 6　サ 4　シ 12　ス 4
	(5) セ 4　ソ 12　タ 20　チ 32

	(6) ツ 50　テ 350　ト 25
③	(1) ナ x　ニ 6　ヌ 18
	(2) ネ $x-9$　ノ 4　ハ 80　ヒ 10
④	フ $10-x$　ヘ 150　ホ 1500　マ −30
	ミ −210　ム 7　メ 7　モ 3

解説

③ (2) $4 : (x-9) = 8 : 2$

$$8(x-9) = 4 \times 2$$
$$8x - 72 = 8$$
$$8x = 80$$
$$x = 10$$

④ $120x + 150(10-x) = 1290$

$$120x + 1500 - 150x = 1290$$
$$-30x = -210$$
$$(\ _{\sim}30x = \ _{\equiv} 210 \text{ も可})$$
$$x = 7$$

ステップ2	
1	(1) $x=2$　(2) $x=-5$　(3) $x=-2$
	(4) $x=4$　(5) $x=4$　(6) $x=-5$
	(7) $x=2$　(8) $x=0$
2	(1) $x=-24$　(2) $x=19$　(3) $x=-13$
	(4) $x=3$

3	(1) $x=4$　(2) $x=16$　(3) $x=10$
	(4) $x=4$
4	(1) $a=-2$　(2) $a=3$　(3) 8 人
	(4) 5 分後

解説

1 (1) $3x + 2 = 8$

$$3x = 8 - 2$$
$$3x = 6$$
$$x = 2$$

(2) $\quad 5x = 2x - 15$

$$5x - 2x = -15$$
$$3x = -15$$
$$x = -5$$

(3) $4x - 6 = 2x - 10$

$$4x - 2x = -10 + 6$$
$$2x = -4$$
$$x = -2$$

(4) $-6x + 13 = x - 15$

$$-6x - x = -15 - 13$$
$$-7x = -28$$
$$x = 4$$

(5) $13 - 4(x-3) = 9$

$$13 - 4x + 12 = 9$$
$$-4x + 25 = 9$$
$$-4x = -16$$

$$x = 4$$

(6) $9 - 5(x+2) = 14 - 2x$

$$9 - 5x - 10 = 14 - 2x$$
$$-5x - 1 = 14 - 2x$$
$$-3x = 15$$
$$x = -5$$

(7) $5x - 3 = 7(2-x) + 7$

$$5x - 3 = 14 - 7x + 7$$
$$5x - 3 = -7x + 21$$
$$12x = 24$$
$$x = 2$$

(8) $7(x-2) = 4(2x-5) + 6$

$$7x - 14 = 8x - 20 + 6$$
$$7x - 14 = 8x - 14$$
$$x = 0$$

2 (1) $\dfrac{1}{3}x = \dfrac{1}{4}x - 2$

両辺を 12 倍して,

$$\frac{1}{3}x \times 12 = \left(\frac{1}{4}x - 2\right) \times 12$$
$$4x = 3x - 24$$

$$x=-24$$

(2) $\dfrac{x-1}{3}-\dfrac{x+1}{5}=2$

両辺を 15 倍して，

$$\left(\dfrac{x-1}{3}-\dfrac{x+1}{5}\right)\times15=2\times15$$
$$5(x-1)-3(x+1)=30$$
$$5x-5-3x-3=30$$
$$2x-8=30$$
$$2x=38$$
$$x=19$$

(3) $0.8x-0.7=x+1.9$

両辺を 10 倍して，

$$(0.8x-0.7)\times10=(x+1.9)\times10$$
$$8x-7=10x+19$$
$$-2x=26$$
$$x=-13$$

(4) $500x-100(2x+3)=600$

両辺を 100 でわって，

$$5x-(2x+3)=6$$
$$5x-2x-3=6$$
$$3x-3=6$$
$$3x=9$$
$$x=3$$

3 (1) $12:18=x:6$
$$18\times x=12\times6$$
$$18x=72$$
$$x=4$$

(2) $3:8=(x-7):24$
$$8(x-7)=3\times24$$
$$8x-56=72$$
$$8x=128$$
$$x=16$$

(3) $4:5=(x-2):10$
$$5(x-2)=4\times10$$
$$5x-10=40$$
$$5x=50$$

$$x=10$$

(4) $x:2=(x+6):5$
$$2(x+6)=x\times5$$
$$2x+12=5x$$
$$-3x=-12$$
$$x=4$$

4 (1) 解が 3 だから，x に 3 を代入すると，
$$5\times3+a=2\times3+7$$
$$15+a=6+7$$
$$a=-2$$

(2) $7x=4(x-2)-1$
$$7x=4x-8-1$$
$$7x=4x-9$$
$$3x=-9$$
$$x=-3$$

これを $a(x+2)=2x+a$ に代入すると，
$$a\{(-3)+2\}=2\times(-3)+a$$
$$-a=-6+a$$
$$-2a=-6$$
$$a=3$$

(3) 子どもの人数を x 人とする。
$$3x+5=4x-3$$
$$x=8$$

この解は問題にあっている。

よって，子どもの人数は 8 人。

(4) 弟が家を出発してから x 分後に姉に追いつくとする。姉が歩いた時間は $(x+10)$ 分だから，進んだ道のりは $70(x+10)$m となる。
$$210x=70(x+10)$$
$$210x=70x+700$$
$$140x=700$$
$$x=5$$

弟が 5 分間進んだ道のりは，$210\times5=1050$(m) だから，この解は問題にあっている。

よって，5 分後に追いつく。

┌─ **入試につながる** ◀─────────

・方程式は，両辺を何倍かしたり，係数や定数の公約数で両辺をわったりすることにより，やさしい方程式に変形できることも多い。

・分配法則を利用してかっこをはずすことと，分母の公倍数を式にかける計算に精通しておこう。

・文章題では，関係式の立式がポイントなので，いろいろな種類の問題にアタックして慣れておこう。

ステップ 1	
① (1) ア 3 イ 6 ウ −2 　　エ −2 オ 3 カ 加減 (2) キ −2y+4 ク 1 ケ 1 　　コ 2 サ 2 シ 1 ス 代入	② セ 12 ソ 10 タ 17 チ 2 　ツ 14 テ 6 ト 6 ナ 2 ③ ニ 10b+a ヌ 10a+b ネ −19a+8b 　ノ 3 ハ 8 ヒ 3 フ 8 ヘ 38

解説

③ 文章題を考えるときは，次の手順で進めるとよい。

何を x, y とするかを決める　→　連立方程式をつくって解く　→　解が問題にあっているか調べる

ステップ 2

1 (1) $\begin{cases} x+y=14 \\ 50x+80y=880 \end{cases}$

　(2) 50 円のみかん　8 個，
　　　80 円のみかん　6 個

2 (1) $(x,\ y)=(3,\ 5)$　(2) $(x,\ y)=(4,\ -3)$

　(3) $(x,\ y)=(4,\ 3)$　(4) $(x,\ y)=(2,\ -1)$

　(5) $(x,\ y)=(-1,\ 2)$　(6) $(x,\ y)=(-3,\ 0)$

3 (1) $(x,\ y)=(6,\ 2)$　(2) $(x,\ y)=(-5,\ 8)$

4 (1) $a=8$, $b=5$

　(2) A　70 円，B　80 円

　(3) 父　45 歳，子　14 歳

　(4) 今年の男子　18 人，女子　36 人

解説

1 (1) 1 個 50 円のみかんを x 個，1 個 80 円のみか
　んを y 個とする。あわせて 14 個だから，
　$x+y=14$　……①
　50 円のみかん x 個で $50x$ 円，80 円のみかん
　y 個で $80y$ 円。あわせて 880 円だから，
　$50x+80y=880$　……②

　(2) ①×5　$5x+5y=70$　……①′
　②÷10　$5x+8y=88$　……②′
　②′−①′　$3y=18$　$y=6$
　これを①に代入して，$x+6=14$　$x=8$
　よって，この連立方程式の解は，
　$(x,\ y)=(8,\ 6)$

2 上の式を①，下の式を②で表すことにする。
　次のどちらかで解くとよい。
　・**加減法**　x または y の係数の絶対値をそろえ
　　　　　て，1 つの文字を消去する。
　・**代入法**　一方を $x=\boxed{}$，または $y=\boxed{}$
　　　　　で表し，他方の式に代入する。
　(1) ①を y について解くと，$y=8-x$　……①′
　①′を②に代入して，
　$x-(8-x)=-2$　$2x=6$　$x=3$
　これを①′に代入して，$y=5$

(2) ①−②×2　　　　$5x+6y=2$
　　　　　　　　　$-)\ 4x+6y=-2$
　　　　　　　　　$\ \ x\ \ \ \ \ =4$
　これを②に代入して，$8+3y=-1$
　$3y=-9$　　$y=-3$

(3) ①+②×3　　　　$2x+9y=35$
　　　　　　　　　$+)\ 15x-9y=33$
　　　　　　　　　$\ \ 17x\ \ \ \ \ =68$
　　　　　　　　　　$x=4$
　これを②に代入して，$20-3y=11$
　$-3y=-9$　　$y=3$

(4) ②×4−①×3　　$12x+28y=-4$
　　　　　　　　　$-)\ 12x+\ 9y=15$
　　　　　　　　　$\ \ \ \ 19y=-19$
　　　　　　　　　　　$y=-1$
　これを①に代入して，$4x-3=5$
　$4x=8$　　$x=2$

(5) ①から，$3x-7y=-17$　……①′
　①′×2−②　　　$6x-14y=-34$
　　　　　　　　$-)\ 6x+\ 5y=4$
　　　　　　　　　$-19y=-38$
　　　　　　　　　　$y=2$
　これを①′に代入して，$3x-14=-17$
　$3x=-3$　　$x=-1$

(6)①から，$-3x-5y=9$ ……①′

②から，$6x+7y=-18$ ……②′

①′×2+②′

$$\begin{array}{r} -6x-10y=18 \\ +)\ 6x+\ 7y=-18 \\ \hline -3y=0 \\ y=0 \end{array}$$

これを①′に代入して，$-3x=9$　$x=-3$

3 上の式を①，下の式を②で表すことにする。

(1)②×6　$4x+15y=54$ ……②′

②′−①×2

$$\begin{array}{r} 4x+15y=54 \\ -)\ 4x-10y=4 \\ \hline 25y=50 \\ y=2 \end{array}$$

これを①に代入して，$2x-10=2$

$2x=12$　$x=6$

(2)①×6　$3x+2y=1$ ……①′

②×4　$4x-y=-28$ ……②′

①′+②′×2

$$\begin{array}{r} 3x+2y=1 \\ +)\ 8x-2y=-56 \\ \hline 11x\ \ \ \ \ =-55 \\ x=-5 \end{array}$$

これを①′に代入して，$-15+2y=1$

$2y=16$　$y=8$

4 (1)方程式の解ならば，その解を方程式に代入した式は成り立つ。

$x=-3$，$y=5$ を両方の式に代入すると，

$$\begin{cases} -3a+30=6 & ……① \\ 9+5b=34 & ……② \end{cases}$$

①から，$-3a=-24$　$a=8$

②から，$5b=25$　$b=5$

(2)鉛筆 A1 本を x 円，鉛筆 B1 本を y 円とする。

$$\begin{cases} 3x+2y=370 & ……① \\ 4x+5y=680 & ……② \end{cases}$$

①×4　$12x+8y=1480$ ……①′

②×3　$12x+15y=2040$ ……②′

②′−①′　$7y=560$　$y=80$

これを①に代入して，

$3x+160=370$　$3x=210$　$x=70$

この解は問題にあっている。

よって，A が 70 円，B が 80 円

(3)現在の父の年齢を x 歳，子の年齢を y 歳とする。

$$\begin{cases} 2x=6y+6 & ……① \\ x-10=9(y-10)-1 & ……② \end{cases}$$

①÷2　$x=3y+3$ ……①′

②より，$x=9y-81$ ……②′

①′を②′に代入して，

$3y+3=9y-81$　$-6y=-84$　$y=14$

これを①′に代入して，

$x=42+3=45$

この解は問題にあっている。

よって，父 45 歳，子 14 歳

(4)去年の男子の部員数を x 人，女子の部員数を y 人とする。このとき，今年の男子の部員数は $0.9x$ 人，女子の部員数は $1.2y$ 人と表せる。

$$\begin{cases} 0.9x+1.2y=1.08(x+y) & ……① \\ y=x+10 & ……② \end{cases}$$

①×100　$90x+120y=108x+108y$

$18x=12y$

$3x=2y$ ……①′

②を①′に代入して，

$3x=2(x+10)$　$3x=2x+20$　$x=20$

これを②に代入して，$y=20+10=30$

この解は問題にあっている。

x と y はそれぞれ，去年の部員数であるので，

今年の男子の部員数は，$0.9×20=18$（人）

今年の女子の部員数は，$1.2×30=36$（人）

入試につながる

・連立方程式を解くには，与えられた連立方程式のどちらかの式を $x=\sim$，または $y=\sim$ に整理できないか，あるいは，x または y の係数の絶対値をそろえられないかを検討しよう。

・得られた解は，必ず両方の方程式に代入して検算するようにしよう。

・文章題から連立方程式を立式できるかがよく問われる。与えられた条件を連立方程式で表現することに慣れよう。

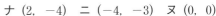

第4日 比例・反比例

ステップ1

① (1) ア $4x$　イ 比例

(2) ウ -12　エ -6　オ 0
　　カ 6　キ 12

(3) ク -4　ケ $y=-4x$

② (1) コ $\dfrac{12}{x}$　サ 反比例

(2) シ 12　ス 24　セ -24　ソ -12

(3) タ 15　チ $y=\dfrac{15}{x}$

③ ツ $(2,\ 4)$　テ $(-2,\ 1)$　ト $(0,\ -4)$

ナ $(2,\ -4)$　ニ $(-4,\ -3)$　ヌ $(0,\ 0)$

④ (1)(2) 右の図

(3) ネ 4　ノ 3

　　ハ $\dfrac{3}{4}$

　　ヒ $\dfrac{3}{4}x$

(4) フ 4　ヘ 1

　　ホ 4　マ $\dfrac{4}{x}$

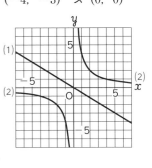

解説

④ (1)比例のグラフは，原点を通る直線になるので，グラフ上の原点以外の1点と原点を結ぶ直線をひけばよい。

$x=5$ に対応する y の値は，

$$y=-\frac{3}{5}\times5=-3$$

原点と点 $(5,\ -3)$ を通る直線をかく。

(2)反比例のグラフは双曲線になるので，通る点をいくつか調べ，それらの点をなめらかな曲線で結べばよい。

$y=\dfrac{4}{x}$ のグラフは，次のような対応する x と y の値の組を座標とする点を通る。

x	-4	-2	-1	0	1	2	4
y	-1	-2	-4	$\times$	4	2	1

ステップ2

1 (1) $y=100-x$（×）　(2) $y=\dfrac{x}{2}$（比）

(3) $y=\dfrac{840}{x}$（反）

2 (1) $y=3x$　　　(2) $y=-\dfrac{36}{x}$

(3) $y=\dfrac{28}{x}$　　(4) $y=-5x$

(5) $y=\dfrac{3}{5}x$　　(6) $y=\dfrac{16}{x}$

3 (1) $y=18$　　　(2) $x=38$

4 右の図

5 (1) $y=\dfrac{3}{8}x$

(2) $y=\dfrac{24}{x}$

(3) -4

6 (1) $y=80x,$
　　$0\le x\le250$

(2) $t=\dfrac{20000}{m},\ 200$ mL

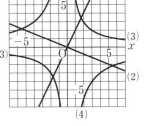

解説

1 (1)〔間違った点数〕$=100-$〔得点〕 より，

$y=100-x$

これは，比例・反比例どちらでもない。

(2)$x\div2=y$ より，$y=\dfrac{x}{2}=\dfrac{1}{2}x$

これは，$y=ax$ の形であるから，y は x に比例する。

(3)〔底辺〕×〔高さ〕÷2＝〔三角形の面積〕

$\dfrac{xy}{2}=420$ より，$xy=840$ で $y=\dfrac{840}{x}$

これは，$y=\dfrac{a}{x}$ の形であるから，y は x に反比例する。

2 (1)比例定数を a とすると，$y=ax$

$x=7$，$y=21$ を代入すると，

$21=7a$ より，$a=3$　よって，$y=3x$

(2)比例定数を a とすると，$y=\dfrac{a}{x}$

$x=6$, $y=-6$ を代入すると,

$-6=\dfrac{a}{6}$ より, $a=-36$　よって, $y=-\dfrac{36}{x}$

(3)「積が一定」より, この積を a とおくと, $a=xy$

この式に, $x=4$, $y=7$ を代入すると,

$a=28$　よって, $xy=28$ より, $y=\dfrac{28}{x}$

(4)「商が一定」より, この商を a とおくと, $a=\dfrac{y}{x}$

この式に, $x=-2$, $y=10$ を代入すると,

$a=-5$　よって, $\dfrac{y}{x}=-5$ より, $y=-5x$

(5)「グラフが原点を通る直線」となるのは, 比例のグラフである。

比例定数を a とすると, $y=ax$

$x=5$, $y=3$ を代入すると,

$3=5a$ より, $a=\dfrac{3}{5}$　よって, $y=\dfrac{3}{5}x$

(6)比例定数を a とすると, $y=\dfrac{a}{x}$

$x=-2$, $y=-8$ を代入すると,

$-8=-\dfrac{a}{2}$ より, $a=16$　よって, $y=\dfrac{16}{x}$

3 (1)$y=\dfrac{3}{2}x$ に $x=12$ を代入すると, $y=18$

(2)$y=\dfrac{3}{2}x$ に $y=57$ を代入すると, $x=38$

4 (1)たとえば, $x=1$ に対応する y の値は, $y=2$

点 $(1, 2)$ と原点を通る直線をかけばよい。

(2)たとえば, $x=5$ に対応する y の値は, $y=-2$

点 $(5, -2)$ と原点を通る直線をかけばよい。

(3) $y=\dfrac{6}{x}$ のグラフは, 次のような対応する x と y の値の組を座標とする点を通る。

x	-6	-3	-2	-1	0	1	2	3	6
y	-1	-2	-3	-6	$\times$	6	3	2	1

(4) $y=-\dfrac{12}{x}$ のグラフは, 次のような対応す

る x と y の値の組を座標とする点を通る。

x	-6	-4	-3	-2	0	2	3	4	6
y	2	3	4	6	$\times$	-6	-4	-3	-2

5 (1)直線 ℓ は, 比例のグラフであるので, 比例定数を a とすると, $y=ax$ と表せる。

この直線 ℓ は点 $\mathrm{P}(8, 3)$ を通るから, $y=ax$ に $x=8$, $y=3$ を代入すると,

$3=8a$ より, $a=\dfrac{3}{8}$　よって, $y=\dfrac{3}{8}x$

(2)双曲線 m は, 反比例のグラフであるので, 比例定数を a とすると, $y=\dfrac{a}{x}$ と表せる。

この双曲線 m も点 $\mathrm{P}(8, 3)$ を通るから,

$y=\dfrac{a}{x}$ に $x=8$, $y=3$ を代入すると,

$3=\dfrac{a}{8}$ より, $a=24$　よって, $y=\dfrac{24}{x}$

(3)点 Q は双曲線 m 上の点であるから,

$y=\dfrac{24}{x}$ に $y=-6$ を代入すると,

$-6=\dfrac{24}{x}$ より, $x=-4$　　　$\mathrm{Q}(-4, -6)$

6 (1)1秒間に $80\,\mathrm{mL}$ の割合で水を入れるから, 求める式は, $y=80x$

このとき, x の範囲は, 入れ始めから満水までの時間となる。

縦 $20\,\mathrm{cm}$, 横 $40\,\mathrm{cm}$, 高さ $25\,\mathrm{cm}$ の直方体の水そうが満水となるときの水の量は,

$20\times40\times25=20000(\mathrm{mL})$ であるから, 満水までの時間は, $\dfrac{20000}{80}=250$(秒)となる。

よって, $0\le x\le250$

(2)$20000=mt$ より, $t=\dfrac{20000}{m}$

1分40秒 $=100$秒 であるから, $t=100$ を代入すると, $m=200$

1秒間に $200\,\mathrm{mL}$ の割合で水を入れるとよい。

入試につながる

・入試では, 比例の式や反比例の式をつくる問題がよく出題される。

・$\left.\begin{array}{l}\text{比例}\\\text{商が一定}\\\text{グラフが原点を通る直線ならば}\end{array}\right\}$と書いてあれば $\boxed{y=ax}$, $\left.\begin{array}{l}\text{反比例}\\\text{積が一定}\\\text{グラフが双曲線ならば}\end{array}\right\}$と書いてあれば $\boxed{y=\dfrac{a}{x}}$ とおく。

ステップ1

① (1) 右の図

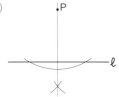

(2) ア △ABC

　　イ ∠ABC

② (1) ウ BB′　エ CC′

　　（ウ，エ順不同）

　　オ A′B′

(2) カ 120　キ A′C

(3) ク A′M

③ (1)

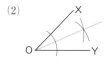

(2)

(3) ·P

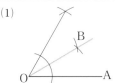

④ (1) ケ 垂直　　コ BM

　　サ 2等分　シ 垂直二等分線

(2) ス $\overset{\frown}{\text{CD}}$　　セ 等しい

⑤ (1) ソ 5　タ 144　チ 4π

　　ツ 5　テ 144　ト 10π

(2) ナ 16π　ニ 270

解説

③ (1)次の手順で作図する。

　①点 A，点 B をそれぞれ中心として，同じ半径の円をかく。

　②①の 2 つの円の交点をとり，その交点を通る直線をひく。

(2)次の手順で作図する。

　①点 O を中心とする適当な半径の円をかき，OX，OY との交点をとる。

　②①の 2 つの交点をそれぞれ中心として，同じ半径の円をかき，2 つの円の交点をとる。

　③点 O から②の交点へ半直線をひく。

(3)次の手順で作図する。

　①点 P を中心とする適当な半径の円をかき，直線 ℓ との 2 つの交点をとる。

　②①の 2 つの交点をそれぞれ中心として，同じ半径の円をかき，その交点をとる。

　③点 P と②の交点を通る直線をひく。

ステップ2

1 (1)(2)(3)(4)

　右の図

(5) 90°

2 (1) AD∥BC

(2) AC⊥BD

3 (1) ウ，オ

(2) イ，ウ，エ，オ，カ

(3) エ　(4) エ

(5) カ　(6) エ

4 (1)

(2)

5 (1) 弧　3π cm，面積　9π cm²

(2) 弧　2π cm，面積　3π cm²

6 (1) 24 cm²

(2) ① 50°　② 20π cm²

解説

1 (1)端でとめずに，まっすぐな線をひく。

(2)直線 CD をひき，直線 AB と交わる点を P とする。

(3)∠BED は，半直線 ED と半直線 EB にはさまれた角である。

(4)両端 A，E でとめるまっすぐな線をひく。

(5)直線 ℓ が円 A に点 E で接するとき AE⊥ℓ となる。したがって，直線 BE が接線のとき，∠AEB＝90° である。

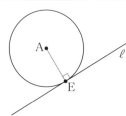

2 (1)平行であることは，記号∥を使って表す。

(2)垂直であることは，記号⊥を使って表す。

3 (1)アを右へ辺1つ分の長さだけ平行移動するとオに，アを右斜め下へ辺1つ分の長さだけ平行移動するとウに移る。

(2)アの三角形を点Oを回転の中心として60°ずつ回転移動すると，すべての三角形に重ねることができる。

(3)頂点AがOに，BがDに，OがEに移る。

(4)180°の回転移動のことだから，頂点AがDに，BがEに移り，頂点Oはそのままである。

(5)頂点A，Oは対称の軸上にあるのでそのままで，頂点BがFに移る。

(6)頂点Oは対称の軸上にあるのでそのままで，頂点AがEに，BがDに移る。

4 (1)60°の角を2等分すると30°になることに注目し，正三角形の3つの角の大きさは等しく，1つの角が60°であることを利用して，次のように作図することができる。

①線分OAの長さを半径として，点Aと点Oをそれぞれ中心とする円をかき，交点をとる。

②点Oと①の交点をまっすぐな線で結ぶ。

③点Oを中心とする適当な半径の円をかき，OAと②の線の交点をそれぞれとる。

④③の2つの交点をそれぞれ中心として，同じ半径の円をかき，その交点をBとする。

⑤点Oから点Bへ半直線をひく。

(2)円の接線は，接点を通る半径に垂直であるから，点Aを通り，半径OAに垂直な直線をひけばよい。

①半直線OAをひく。

②点Aを中心とする適当な半径の円をかき，半直線OAとの2つの交点をとる。

③②の2つの交点をそれぞれ中心として，同じ半径の円をかき，その円の交点をとる。

④点Aと③の交点を通る直線をひく。

5 おうぎ形の半径をr，中心角をa°，弧の長さをℓ，面積をSとすると，

$$\ell = 2\pi r \times \frac{a}{360} \qquad S = \pi r^2 \times \frac{a}{360}$$

(1)
$$\ell = 2\pi \times 6 \times \frac{90}{360}$$
$$= 2\pi \times 6 \times \frac{1}{4}$$
$$= 3\pi \,(\mathrm{cm})$$
$$S = \pi \times 6^2 \times \frac{90}{360} = 9\pi \,(\mathrm{cm}^2)$$

> このおうぎ形の中心角は90°なので，同じ半径の円の$\frac{1}{4}$として考えることもできる。

(2)
$$\ell = 2\pi \times 3 \times \frac{120}{360}$$
$$= 2\pi \times 3 \times \frac{1}{3}$$
$$= 2\pi \,(\mathrm{cm})$$
$$S = \pi \times 3^2 \times \frac{120}{360} = 3\pi \,(\mathrm{cm}^2)$$

> このおうぎ形の中心角は120°なので，同じ半径の円の$\frac{1}{3}$として考えることもできる。

6 (1)円とその接線の性質より，∠OAP＝90°
よって，（△OAPの面積）＝$\frac{1}{2} \times 8 \times 6$
$$= 24 \,(\mathrm{cm}^2)$$

(2)①円とその接線の性質より，∠OAP＝90°
よって，∠x＋90°＋40°＝180°
∠x＝50°

②おうぎ形OACは，半径12cm，中心角50°のおうぎ形である。
おうぎ形OACの面積をSとすると，
$$S = \pi \times 12^2 \times \frac{50}{360}$$
$$= \pi \times 144 \times \frac{5}{36}$$
$$= 20\pi \,(\mathrm{cm}^2)$$

入試につながる

・入試では，「円と直線」，「おうぎ形」などに関する出題が多い。

・公式にあてはめて計算すればよいだけの問題よりは，図形の性質の理解度にからめた形で出題される傾向がある。

・垂線の作図はいろいろなところで応用されるので，しっかりおさえておこう。

ステップ1				
①	(1)	ア BF　イ EF　ウ DH		
	(2)	エ EH　オ CG　カ AB		
	(3)	キ BFGC　ク DCGH		
②	(1)	ケ 円錐　コ 円柱		
	(2)	サ （二等辺）三角形		

シ 四角形（正方形）　ス （正）四角錐
(3) セ 10　ソ 8π　タ 144
③ (1) チ 16π　ツ 8π　テ 64π　ト 96π
(2) ナ 36π　ニ 8　ヌ 96π
(3) ネ 6　ノ 144π　ハ 288π

解説

② (3)おうぎ形の弧の長さは，中心角の大きさに比例することに注目する。
側面になるおうぎ形の中心角の大きさを $a°$ とすると，弧の長さは 8π cm なので，
$$8\pi : (2\pi \times 10) = a : 360$$
$$20\pi \times a = 8\pi \times 360$$
$$a = 144$$
よって，おうぎ形の中心角の大きさは 144° である。

③ (1)この円柱の展開図は次のようになる。

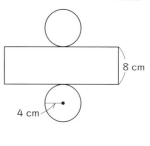

底面になる円の周の長さと，側面になる長方形の横の長さは等しいので，長方形の横の長さは，
$$2\pi \times 4 = 8\pi \, (cm)$$
よって，
(表面積)＝(底面積)×2＋(側面積)
＝16π×2＋64π
＝96π (cm²)

ステップ2		
1	(1) 五角柱　(2) 正四角錐	
	(3) 三角柱　(4) 球	
2	(1) 円柱　(2) 球	
3	(1) 交わる　(2) 平行	
	(3) ねじれの位置にある　(4) 交わる	
	(5) 平行　(6) 直線が平面上にある	

(7) 平行　(8) 交わる
4 ②，⑤
5 (1) 表面積　360 cm²，体積　300 cm³
(2) 表面積　384 cm²，体積　384 cm³
6 (1) 324π cm³　(2) 18π cm
(3) 216°　(4) 216π cm²

解説

1 角柱…平行に向かい合った1組の合同な多角形と，いくつかの長方形で囲まれた立体
角錐…1つの多角形と，その各辺を底辺とする三角形で囲まれた立体
(1)底面が2つあり，側面がすべて長方形であることから角柱とわかる。さらに，2つの底面が五角形であることより，この立体は五角柱とわかる。
(2)角錐のうち，底面が正方形で，側面がすべて合同な二等辺三角形であるものを正四角錐という。
(3)角柱，円柱を底面と平行な面で切ったときの切り口は，どの位置で切っても底面と同じ形となる。よって，切り口が三角形ならば三角

柱である。
(4)球を平面で切ったとき，その切り口はつねに円となる。
(3) 　　　　　　　　(4)

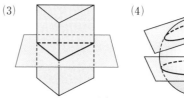

2 (1)直線 ℓ を回転の軸として，長方形を1回転させると円柱になる。
(2)半円を，その直径をふくむ直線 ℓ を回転の軸として1回転させると，球になる。
3 (1)頂点 B で交わっている。
(2)もとは直方体だから，辺 AD，BC，FG，EH の4本は平行である。

(3)交わらず，平行でもない。

(4)辺 BF と辺 CG には交点はないが，直線 BF と直線 CG は交わる。

(5)平面 ABCD と平面 EFGH は平行であり，直線 GH は平面 EFGH 上の直線である。

(6)平面 CGHD 上には，直線 CG，GH，HD，CD の 4 本の直線がある。

(7)直方体の向かい合う面どうしなので，平行である。

(8)この立体の面 ABFE と CGHD は，平行でもなければ交わってもいないが，限りなく広い平面 ABFE と平面 CGHD では，直線 BF と CG との交点と，直線 AE と DH との交点を結ぶ直線で交わる。

4 ①平面上ならば成立するが，空間内ならば必ずしも成立するとは限らない。

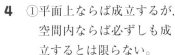

③平面 P と平行な直線は，いろいろな向きが考えられる。

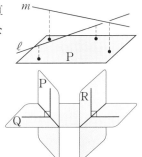

④平面 Q に垂直に交わる平面として，いろいろな向きの平面が考えられる。

⑥④と同じ考え方ができる。

> 手のひらや机を平面，手の指や鉛筆〔えんぴつ〕を直線に例えて，位置関係を確かめてみるのも理解を助ける 1 つの方法である。

5 (1)(表面積)=(底面積)×2 +(側面積) より，

$$\left(\frac{1}{2}\times 5\times 12\right)\times 2$$
$$+(12+13+5)\times 10$$

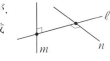

=60+300
=360(cm^2)

(体積)=(底面積)×(高さ)より，

$$\left(\frac{1}{2}\times 5\times 12\right)\times 10 \ =300(cm^3)$$

(2)(表面積)=(底面積)+(側面積)より，

$$(12\times 12)+\left(\frac{1}{2}\times 12\times 10\right)\times 4$$
=144+240
=384(cm^2)

体積は，

$$\frac{1}{3}\times(12\times 12)\times 8 \ =384(cm^3)$$

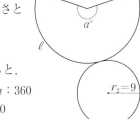

6 (1)$\frac{1}{3}\times(\pi\times 9^2)\times 12 =324\pi \ (cm^3)$

(2)おうぎ形の弧の長さは，底面の円の周の長さと等しいので，

$2\pi\times 9 =18\pi \ (cm)$

(3)中心角を $a°$ とすると，

$18\pi : (2\pi\times 15) = a : 360$
$30\pi\times a = 18\pi\times 360$
$a=216$

別解 おうぎ形の半径を r，中心角を $a°$，弧の長さを ℓ とすると，$\ell = 2\pi r\times \frac{a}{360}$

これより，

$18\pi = 2\pi\times 15\times \frac{a}{360}$
$a=216$

(4)(表面積)=(底面積)+(側面積)より，

$$81\pi+\left(\pi\times 15^2\times \frac{216}{360}\right)$$
$$= 81\pi+135\pi$$
$$= 216\pi \ (cm^2)$$

入試につながる

・入試では，角柱，円柱，円錐の計量問題が出題されており，円錐台（円錐から小円錐を取り除いたもの：プリンのような形）への応用，円錐の側面を下にして回転させての出題などが多い。

・表面積を求める問題は，展開図を利用すると考えやすくなる。

・図をかいたり，頭の中に立体を思いうかべ，問題の解明に努めよう。

ステップ1

① ア 3　イ 11　ウ 2　エ 8　オ 4

② (1)① カ 2　キ 1

　　② 下の図

　(2)① ク $-\dfrac{2}{3}$　ケ 4

　　② コ 右下がり　③ 下の図

③ (1) サ 2　シ 3　ス 1　セ 1

　　ソ $y=2x+1$

　(2) タ -3　チ 1　ツ -3　テ 6

　　ト 2　ナ 12　ニ $y=-3x+12$

④ ヌ $\left(\dfrac{4}{3},\ 2\right)$　ネ $y=2$

解説

④ 連立方程式の解は，2直線の交点の座標と一致するから，

　①－②
$$3x+4y=12$$
$$\underline{-)\ 3x-3y=-2}$$
$$7y=14$$

$$y=2$$

これを②に代入して，$3x-6=-2$

$$3x=4　　x=\dfrac{4}{3}$$

よって，P$\left(\dfrac{4}{3},\ 2\right)$

ステップ2

1 ①，③，⑤

2 (1) ア：-4　イ：2

　(2) 3　(3) $y=3x-4$

　(4) -4　(5) $+3$（正の向きに3）

3 直線① 傾き 4，切片 -4，

　　　　式　$y=4x-4$

　　直線② 傾き $-\dfrac{2}{3}$，切片 -2，

　　　　式　$y=-\dfrac{2}{3}x-2$

4 (1) $y=2x+3$　(2) $y=-2x-2$

　(3) $y=-\dfrac{4}{3}x+10$　(4) $y=-x+6$

5 (1) $y=6$　(2) $(1,\ -3)$

　(3) $y=-6x+3$

6 (1) 11分後　(2) 分速80 m

解説

1 一次関数の式 $y=ax+b$ の形に整理できるかを考える。

2 (1) $y=3x-7$ に $x=1$ を代入すると，

　　$y=3-7=-4$

　　$y=3x-7$ に $x=3$ を代入すると，

　　$y=9-7=2$

　(2) 変化の割合$=\dfrac{y\text{の増加量}}{x\text{の増加量}}$

　　x の増加量$=3-1=2$

　　(1)より，y の増加量$=2-(-4)=6$

　　変化の割合$=\dfrac{6}{2}=3$

　(3) $\ell /\!/ m$ より，傾き（変化の割合）が同じだか

ら，求める式を，$y=3x+b$ とする。

　この直線は，点 $(2,\ 2)$ を通るから，

　　$2=6+b$　$b=-4$

　よって，求める式は，$y=3x-4$

　(4) 一次関数の式 $y=ax+b$ の b が切片である。

　(5) ℓ と m の切片をくらべると，ℓ の切片は -7，

　　m の切片は -4

　　m は ℓ を y 軸方向に $(-4)-(-7)=+3$ だけ平行移動したもの。

3 直線①の切片は -4。傾きは，右へ1進むと上へ4進むから，4。

　　直線②の切片は -2。傾きは，右へ3進むと下へ2進むから，$-\dfrac{2}{3}$。

4 (1)傾きは 2 だから，求める一次関数の式を

$y=2x+b$ とする。

この直線は，点 $(2，7)$ を通るから，

$x=2，y=7$ を代入すると，

$7=4+b$ $b=3$

よって，求める式は，$y=2x+3$

(2)切片は -2 だから，求める一次関数の式を

$y=ax-2$ とする。

この直線は，点 $(-3，4)$ を通るから，

$x=-3，y=4$ を代入すると，

$4=-3a-2$ $-3a=6$ $a=-2$

よって，求める式は，$y=-2x-2$

(3)変化の割合は $-\dfrac{4}{3}$ だから，求める一次関数

の式を，$y=-\dfrac{4}{3}x+b$ とする。

この直線は，点 $(6，2)$ を通るから，

$x=6，y=2$ を代入すると，

$2=-8+b$ $b=10$

よって，求める式は，$y=-\dfrac{4}{3}x+10$

(4)2点 $(1，5)，(5，1)$ を通る直線の傾きは，

$\dfrac{1-5}{5-1}=\dfrac{-4}{4}=-1$

だから，求める一次関数の式を $y=-x+b$
とする。

この直線は，点 $(1，5)$ を通るから，

$5=-1+b$ $b=6$

よって，求める式は，$y=-x+6$

別解 求める一次関数の式を，$y=ax+b$ と
する。

$x=1$ のとき $y=5$ だから，$5=a+b$ …①

$x=5$ のとき $y=1$ だから，$1=5a+b$ …②

①と②を，連立方程式とみて解くと，

$a=-1，b=6$

よって，求める式は，$y=-x+6$

5 (1)y 軸上の点 $(0，k)$ を通って x 軸に平行な直
線の式は $y=k$

だから，直線 n の式は，$y=6$

(2)点 C は ℓ と m の交点だから，ℓ の式と m の
式を連立方程式とみて解くと，

$\begin{cases} 3x+2y+3=0 & \cdots\cdots① \\ 3x-y-6=0 & \cdots\cdots② \end{cases}$

①－②より，$3y+9=0$ $y=-3$

これを②に代入して，

$3x+3-6=0$ $3x=3$ $x=1$

よって，C$(1，-3)$

(3)点 C を通り，△ABC の面
積を二等分する直線は，点
C の対辺 AB の中点 M を
通る。

したがって，2点 C，M を通る直線 CM の
式を求めればよい。

A$(-5，6)$，B$(4，6)$より，M$\left(-\dfrac{1}{2}，6\right)$

よって，直線 CM の式を求めると，

$y=-6x+3$

6 家を出て x 分後に A さんが家から y m の距離<ruby>離<rt>きょり</rt></ruby>
にいるとすると，$y=60x$ …①

(1)A さんが家を出て x 分後に姉が家から何 m
の距離にいるかは，$y=110x+b$ とおける。

$x=5$ のとき $y=0$ だから，

$0=550+b$ $b=-550$

よって，式は $y=110x-550$ …②

①と②を連立方程式とみて解くと，

$60x=110x-550$ $-50x=-550$ $x=11$

よって，11分後に追いつく。

(2)A さんが駅に着くのは，

$1200\div60=20$（分後）。

姉は 1.2km を $20-5=15$（分）で進めばよい
ので，

$1200\div15=80$ よって，分速 80 m。

入試につながる

・入試ではかならず出題されるといえる分野で，特に直線の式を求める問題，交点の座標を求める問題
の出題が多い。

・"一次関数" "直線" といえば，一般式 $y=ax+b$ とおくことがポイント！

・直線の傾き（変化の割合）は，$\dfrac{y\text{の増加量}}{x\text{の増加量}}$ で求められる。グラフ上で確認し，しっかり覚えよう。

ステップ1	
①	(1) ア 同位角　イ //　ウ 錯角 　　エ //　オ 同位角　カ ℓ, n（順不同） 　　キ 錯角　ク m, p（順不同） (2) ケ 67　コ 67　サ 113
②	(1) シ 180　ス 45 (2) セ 110　ソ 42 (3) タ 8　チ 1080　ツ 135 (4) テ 360　ト 80　ナ 60
③	(1)① ニ AC＝DF 　② ヌ AC＝DF　ネ BC＝EF 　　ノ ∠B＝∠E 　③ ハ ∠A＝∠D　ヒ BC＝EF (2)① フ △OBC 　② ヘ 2組の辺とその間の角が，それぞれ 　　　等しい。 　③ ホ 102°

解説

① (2)対頂角は等しいので，$\angle x = 67°$
　$\ell / \!/ m$ より，同位角が等しいので，
　$\angle y = 67°$
　$\angle z = 180° - \angle y$
　　　$= 180° - 67°$
　　　$= 113°$

③ (2)条件より，AO＝BO，OD＝OC
　また，∠AOD＝∠BOC
　よって，△OAD と△OBC において，2組の
　辺とその間の角が，それぞれ等しいので，
　△OAD と△OBC は合同な三角形である。
　合同な図形において，対応する角の大きさは
　それぞれ等しいので，∠ODA＝∠OCB＝102°

ステップ2	
1	$\angle a = 70°$，$\angle b = 40°$，$\angle c = 70°$， $\angle d = 110°$，$\angle e = 70°$
2	(1) 25°　(2) 80°
3	(1) $a /\!/ d$, $b /\!/ e$　（順不同） (2) $a /\!/ c$, $b /\!/ d$　（順不同）
4	鈍角三角形
5	(1) 100°　(2) 130°
6	(1) 105°　(2) 93°

(3) 72°　(4) 111°

7　・△ABC ≡ △JLK，
　　　3組の辺が，それぞれ等しい。
　　・△DEF ≡ △RQP，
　　　2組の辺とその間の角が，それぞれ等しい。
　　・△GHI ≡ △NOM，
　　　1組の辺とその両端の角が，それぞれ等し
　　　い。（順不同）

解説

1　対頂角は等しいので，$\angle a = 70°$
　$n /\!/ k$ より，錯角が等しいので，$\angle b = 40°$
　$\ell /\!/ m$ より，錯角が等しいので，
　$\angle c = \angle a = 70°$
　40°の対頂角を考えると，$\angle d$ の同位角は，
　$40° + 70° = 110°$
　$n /\!/ k$ より，同位角は等しいので，
　$\angle d = 110°$
　$\angle e$ の同位角は，$180° - (40° + 70°) = 70°$
　$\ell /\!/ m$ より，同位角は等しいので，$\angle e = 70°$

2　(1) $35° + (40°の対頂角) + 80° + \angle a = 180°$
　　よって，$\angle a = 25°$
　(2)$\angle a$ の頂点を通り，ℓ と平行な直線 n をひき，
　　$\angle a$ を $\angle x$ と $\angle y$ に分ける。

$\ell /\!/ n$ より，錯角が等しいので，$\angle x = 35°$
$n /\!/ m$ より，錯角が等しいので，$\angle y = 45°$
よって，$\angle a = \angle x + \angle y = 35° + 45° = 80°$

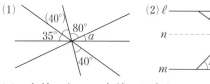

3　(1)2直線 a と d に直線 ℓ が交わってできる角
　で，84°の2つの角は同位角である。
　よって，同位角が等しいので $a /\!/ d$
　なお，2直線 a と d に直線 m が交わってで
　きる角で，84°の2つの角は錯角である。
　よって，錯角が等しいことからも $a /\!/ d$ がい
　える。
　また，2直線 b と e に直線 m が交わってで

きる角で，84°の2つの角は錯角である。
よって，錯角が等しいので $b /\!/ e$

(2)直線 ℓ に交わる2直線 a, c について，右の図のように考える。図中の $\angle x$ は，$180^\circ -124^\circ =56^\circ$ となり，56° の2つの角は同位角である。よって，同位角が等しいので $a /\!/ c$

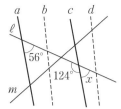

同様に，直線 m に交わる2直線 b, d においても，同じ説明で $b /\!/ d$ がいえる。

4 もう1つの内角は，
$180^\circ -(28^\circ +52^\circ)=100^\circ$
100° の鈍角をふくむので，この三角形は鈍角三角形である。

5 (1)三角形の1つの外角は，そのとなりにない2つの内角の和に等しいから，
$\angle A=145^\circ -65^\circ =80^\circ$
$\ell /\!/ m$ より，同位角が等しいので，
$\angle A=\angle CED$
よって，$\angle x=180^\circ -\angle CED$
$=180^\circ -80^\circ$
$=100^\circ$

(2) $\ell /\!/ m$ より，同位角が等しいので，
$\angle CEF=\angle EDA$
$\triangle ABD$ に着目すると，
三角形の外角の性質より，
$\angle EDA=40^\circ +60^\circ =100^\circ$
$\triangle CEF$ に着目すると，
三角形の外角の性質より，
$\angle x=30^\circ +\angle CEF$
$=30^\circ +\angle EDA$

$=30^\circ +100^\circ$
$=130^\circ$

6 (1)五角形の内角の和は，
$180^\circ \times (5-2)=540^\circ$
よって，
$100^\circ +90^\circ +120^\circ +125^\circ +\angle x=540^\circ$
これより，$\angle x=105^\circ$

(2)多角形の外角の和は 360° だから，
$72^\circ +100^\circ +\angle x+95^\circ =360^\circ$
これより，$\angle x=93^\circ$

(3)多角形の外角の和は 360° である。正五角形ならば，5つの外角がすべて等しいので，その1つの角の大きさ $\angle x$ は，
$\angle x=360^\circ \div 5=72^\circ$

(4)六角形の内角の和は，
$180^\circ \times (6-2)=720^\circ$
よって，
$\angle x+118^\circ +133^\circ +128^\circ +124^\circ +106^\circ =720^\circ$
これより，$\angle x=111^\circ$

7 $\triangle ABC$ は，AB，BC，CA の3辺が定まっている。合同条件「3組の辺が，それぞれ等しい」が適用できる三角形をさがすと，$\triangle JLK$。
$\triangle DEF$ は，2辺 EF，DF と $\angle F$ が定まっている。合同条件「2組の辺とその間の角が，それぞれ等しい」が適用できる三角形をさがすと，$\triangle RQP$。
$\triangle GHI$ は，GH と2角 $\angle H$，$\angle G$ が定まっている。合同条件「1組の辺とその両端の角が，それぞれ等しい」が適用できる三角形をさがすと，$\triangle NOM$。

> 記号 $\equiv$ を使うとき，アルファベットの書き順は，対応する順にかくことに注意する。

入試につながる

・この分野は図形の基礎でもあり，どの程度の知識を備えているかをはかる観点からの出題が多いが，確率の問題・関数の問題・他の図形問題などとからめての出題も増えている。
・基本のことがら1つに気づかなかったことにより難問になってしまうこともある。
・多角形の内角の和の公式は，自力でつくり出せるようにしよう。
・3つの合同条件は，すらすら出てくることが必須！

ステップ1

① (1) ア EC　イ ECB　ウ 二等辺
　　　エ 75　オ ≡　カ AE
　　　キ 二等辺　ク 150
　　(2) ケ 直角三角形

② コ ∠BAC＝∠DAC
　　サ AB＝AD(コ，サ順不同)
　　シ BC＝DC　ス AC＝AC
　　セ 2組の辺とその間の角
　　ソ △ABC　タ △ADC　チ 辺

③ (1) ツ 8
　　(2) テ 対頂角　ト ∠OCF　ナ 対角線
　　　ニ CO
　　　ヌ 1組の辺とその両端の角
　　(3) ネ 5
　　(4) ノ 60

④ ハ AFC　ヒ AEB　フ BFC

解説

① (2)△EBM≡△ECM だから，∠EMC＝90°

③ (3)(2)より，△AEO≡△CFO だから，
　対応する辺はそれぞれ等しいので，
　OF＝OE＝5(cm)

(4)
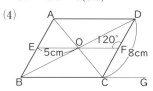

辺 BC を延長した直線上の点を G とする。
EF∥BC より，同位角は等しいので，
∠DCB＝∠DFE＝120°
よって，∠DCG＝60°
AB∥DC より，同位角は等しいので，
∠EBC＝∠DCG＝60°

ステップ2

1 (1) 50°　(2) 32°　(3) 60°　(4) 72°
2 ア △ABC と △DCE が正三角形
　イ AE＝BD　ウ △ABC が正三角形
　エ △ABC と △DCE が正三角形
　オ 2組の辺とその間の角
　カ 合同な図形では，対応する辺は等しい
3 (1) 2　(2) 9－a　(3) 105°
4 解説を参照。

5 ひし形
6 (AC∥DP)

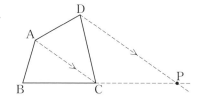

解説

1 (1)頂点 C の内角は，180°－115°＝65°
　　AB＝AC より，∠B＝∠C＝65°
　　∠x＝180°－(65°＋65°)＝50°
　(2)AB＝AD より，△ABD は二等辺三角形だ
　　から，∠ADB＝∠ABD
　　∠ADB＝(180°－24°)÷2＝78°
　　三角形の内角と外角の性質より，
　　∠x＝78°－46°＝32°
　(3)AC＝BC より，△CAB は二等辺三角形だ
　　から，∠CAB＝60°÷2＝30°
　　∠CAD＝180°－(60°＋90°)＝30°

　　∠x＝30°＋30°＝60°
　(4)∠A＝36° より，∠B＝∠C＝72°
　　BD は∠B の二等分線より，
　　∠ABD＝72°÷2＝36°
　　三角形の内角と外角の性質より，
　　∠x＝36°＋36°＝72°

　　三角形の1つの外角は，
　　そのとなりにない2つ
　　の内角の和に等しい。

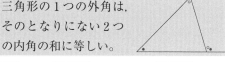

2 「 A ならば B である。」の A の部分
　を**仮定**， B の部分を**結論**という。

△ABC が正三角形であるならば，**3つの辺が
等しい**ので，AC＝BC がいえる。
また，正三角形であるならば，**3つの角が等し
い**ので，∠DCE＝∠BCA がいえる。

3 (1) OI＝HI－HO＝AB－DF
　　　　＝6－4＝2

(2)∠OJC＝90°，∠JCO＝∠JOC＝45° より，
　△JCO は直角二等辺三角形だから，
　JC＝JO＝a，IC＝IJ＋JC＝1＋a
　よって，EO＝BI＝BC－IC
　　　　　　＝10－(1＋a)
　　　　　　＝9－a

(3) EF∥BC より，錯角は等しいので，
　∠COF＝∠OCB＝45°
　AB∥HI，AD∥BC より，同位角は等しい
　ので，
　∠HOF＝∠AEF＝∠ABC＝60°
　よって，∠COH＝45°＋60°＝105°

4 平行四辺形の性質より，
　AD∥BC から，FD∥BE　　　　……①
　仮定より，直線 BF と DE は，それぞれ∠B，
　∠D の二等分線だから，
　∠ABF＝∠EBF，∠CDE＝∠FDE　……②
　四角形 ABCD は平行四辺形だから，∠B＝∠D
　よって，②より，
　∠ABF＝∠EBF＝∠CDE＝∠FDE　　……③
　AD∥BC より，錯角は等しいので，
　∠EBF＝∠AFB
　よって，③より，∠AFB＝∠FDE
　同位角が等しくなるから，BF∥ED　……④
　①，④より，2組の向かいあう辺が，それぞれ
　平行だから，四角形 BEDF は平行四辺形であ
　る。

5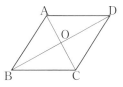

対角線の交点を O とする。
△AOB と△COB において，
平行四辺形の対角線は，それぞれの中点で交わ
るので，AO＝CO　　　　　　　　……①
共通な辺だから，OB＝OB　　　　……②
AC⊥BD だから，
∠AOB＝∠COB＝90°　　　　　　……③
①，②，③から，2組の辺とその間の角が，そ
れぞれ等しいので，△AOB≡△COB
合同な図形では，対応する辺は等しいので，
AB＝CB　　　　　　　　　　　　……④
同様に，△AOD≡△COD より，
AD＝CD　　　　　　　　　　　　……⑤
平行四辺形の2組の向かいあう辺は，それぞれ
等しいので，AB＝DC，AD＝BC　……⑥
④，⑤，⑥から，4つの辺がすべて等しくなる
ので，四角形 ABCD はひし形である。

6 △ABP の面積が四角形 ABCD の面積と等し
くなるためには，△ACD と△ACP の面積が
等しくなるように点 P をとればよい。

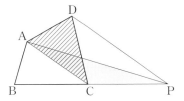

底辺 AC は共通。高さを等しくするためには，
点 D を通り，AC と平行な直線と BC との交
点を P とする。

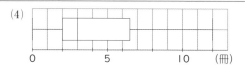

ステップ1

① (1) ア 22　イ 0.300　ウ 0.550

(2) エ 5　オ 5

　　カ 50 cm 以上 55 cm 未満

(3) キ 25　ク 27.5

(4) ケ 40　コ 44.75　サ 44.75

② (1) シ 4.25　ス 3　セ 2

(2) ソ 0　タ 12　チ 12

(3) ツ 2　テ 3　ト 6.5　ナ 4.5

(4)

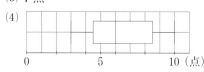

0　　　5　　　10　(冊)

③ (1)① ニ 12　ヌ 34　ネ 6　ノ $\frac{1}{2}$

　　② ハ 24, 42　ヒ 4　フ $\frac{1}{3}$

(2) ヘ 5　ホ 5　マ 25　ミ $\frac{2}{25}$

解説

② データの値を小さい順に並べる。

0, 1, 1, 2, | 2, 2, 2, 3,

　　　　　　3, 4, 5, 5, | 8, 8, 10, 12

・前半部分の中央値　…第1四分位数

・データ全体の中央値…第2四分位数

　　　　　　　　　　　（中央値）

・後半部分の中央値　…第3四分位数

③ (1)できる2けたの整数は,

12, 13, 14, 21, 23, 24, 31, 32, 34, 41, 42, 43 の12通り。

(2)

	A	B	C	D	E
A	A, A	A, B	A, C	A, D	A, E
B	B, A	B, B	B, C	B, D	B, E
C	C, A	C, B	C, C	C, D	C, E
D	D, A	D, B	D, C	D, D	D, E
E	E, A	E, B	E, C	E, D	E, E

取り出し方は全部で25通り。そのうち, AとBが出るのは, 上の表より, 2通り。

ステップ2

1 (1) 左から, 0.125, 0.350, 18, 0.920

(2) 25分　(3) 21人　(4) A中学校

2 (1) 6.5点

(2) 第1四分位数　4.5点

　　第2四分位数　6点

　　第3四分位数　8.5点

(3) 7点

(4)

0　　　5　　　10 (点)

3 (1)① 36　② 0.61

(2) 0.61

4 (1) $\frac{1}{2}$　(2) $\frac{1}{4}$　(3) $\frac{1}{8}$　(4) $\frac{3}{8}$

5 (1) $\frac{2}{3}$　(2) $\frac{1}{6}$　(3) $\frac{8}{9}$

6 (1) $\frac{3}{5}$　(2) $\frac{1}{10}$　(3) $\frac{4}{25}$

解説

1 (2)A中学校は80人だから, 中央値は40番目と41番目の平均値となる。よって, 20分以上30分未満の階級にふくまれるから, 階級値は, 25分。

(3)3+18=21(人)

(4)表の累積相対度数から, A中学校は0.675, B中学校は0.450だから, 通学時間が30分未満の生徒の割合が大きいのは, A中学校。

2 データの値を小さい順に並べると,

| 3, 4, 4, 5, 6, 6, | 6, 8, 8, 9, 9, 10 |

(1)3+4+4+5+6+6+6+8+8+9+9+10

　=78

　78÷12=6.5(点)

(2)第1四分位数　$\frac{4+5}{2}$=4.5(点)

　　第3四分位数　$\frac{8+9}{2}$=8.5(点)

(3) $10-3=7$（点）

3 (1)① $60×0.60=36$（回）

②　$61÷100=0.61$

4 (2) 2枚の硬貨を投げるとき，裏表の出かたは，

（表，表）（表，裏）（裏，表）（裏，裏）の4通り。

2枚とも表が出るのは1通り。

だから，求める確率は，$\dfrac{1}{4}$

(3)表を○，裏を×で表すと，表裏の出かたは8

通り。

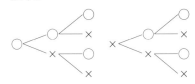

3枚とも裏となる出かたは，（×，×，×）の

1通り。だから，求める確率は，$\dfrac{1}{8}$

(4)表裏の出かたは(3)より，8通り。

2枚が表で1枚は裏となる出かたは，

（○，○，×）（○，×，○）（×，○，○）の3

通り。だから，求める確率は，$\dfrac{3}{8}$

5 (1) 1つのさいころを投げるとき，目の出かたは

全部で6通り。3以上の目の出かたは，3，4，

5，6の4通り。

だから，求める確率は，$\dfrac{4}{6}=\dfrac{2}{3}$

(2) 2つのさいころをA，Bで表すと，目の出

かたは，下の表から36通り。

A＼B	1	2	3	4	5	6
1	(1，1)	(1，2)	(1，3)	(1，4)	(1，5)	(1，6)
2	(2，1)	(2，2)	(2，3)	(2，4)	(2，5)	(2，6)
3	(3，1)	(3，2)	(3，3)	(3，4)	(3，5)	(3，6)
4	(4，1)	(4，2)	(4，3)	(4，4)	(4，5)	(4，6)
5	(5，1)	(5，2)	(5，3)	(5，4)	(5，5)	(5，6)
6	(6，1)	(6，2)	(6，3)	(6，4)	(6，5)	(6，6)

出た目の数の和が7になるのは，

（1，6）（2，5）（3，4）（4，3）（5，2）（6，1）

の6通り。だから，求める確率は，$\dfrac{6}{36}=\dfrac{1}{6}$

(3) 2つのさいころの目の出かたは，(2)より，36

通り。3より小さい目が出るのは，

（1，1）（1，2）（2，1）（2，2）の4通り。

2つとも3より小さい目が出る確率は，

$\dfrac{4}{36}=\dfrac{1}{9}$

だから，少なくとも一方は3以上の目が出る

確率は，$1-\dfrac{1}{9}=\dfrac{8}{9}$

> ことがらAの起こる確率をpとすると，
> Aの起こらない確率＝$1-p$

6 (1)くじのひき方は5通り。

はずれくじのひき方は3通り。

だから，求める確率は，$\dfrac{3}{5}$

(2)あたりくじをA，B，はずれくじをC，D，

Eとする。くじのひき方は，

（A，B）（A，C）（A，D）（A，E）（B，C）

（B，D）（B，E）（C，D）（C，E）（D，E）

の10通り。

2本ともあたりくじをひくのは，1通り。

だから，求める確率は，$\dfrac{1}{10}$

(3)あたりくじをA，B，はずれくじをC，D，

Eとする。くじのひき方は，

（A，A）（A，B）（A，C）（A，D）（A，E）

（B，A）（B，B）（B，C）（B，D）（B，E）

（C，A）（C，B）（C，C）（C，D）（C，E）

（D，A）（D，B）（D，C）（D，D）（D，E）

（E，A）（E，B）（E，C）（E，D）（E，E）

の25通り。

2本ともあたりくじをひくのは，4通り。

だから，求める確率は，$\dfrac{4}{25}$

入試につながる

・データの値は，まず小さい順に並べよう。データの個数が奇数個の場合は，まん中の値，偶数個の場合は，中央に並ぶ2つの値の平均値が中央値になる。

・確率を求める問題では，場合の数の求め方が重要。起こることがらを整理して，確実に場合の数を求められるようにしよう。そのためにも，表の作成・樹形図をつくることに慣れておこう。

1 (1) -1　(2) -4　(3) $\dfrac{7}{12}x$　(4) $x-y$

　　(5) $-13ab$　(6) $\dfrac{x}{6}$

2 (1) -4　(2) $x=5$

　　(3) $y=\dfrac{8-4x}{3}$　$\left(y=\dfrac{8}{3}-\dfrac{4}{3}x\right)$

　　(4) $2\times3\times5^2$

3 (1) $y=\dfrac{4000}{x}$　(2) 6分40秒

4 ① $x+y$　② $\dfrac{x}{60}+\dfrac{y}{160}$　③ 840　④ 960

5 (1) 7日　(2)ア 10　イ 16

6 $\dfrac{7}{15}$

解 説

1 (1) $5+(-3)\times2=5+(-6)=-1$

(2) $2\times(-3)^2-22=2\times9-22=-4$

(3) $\dfrac{3x-2}{4}-\dfrac{x-3}{6}=\dfrac{3(3x-2)}{12}-\dfrac{2(x-3)}{12}$

$=\dfrac{9x-6-2x+6}{12}=\dfrac{7}{12}x$

(4) $4(2x-y)-(7x-3y)=8x-4y-7x+3y$

$=x-y$

(5) $52a^2b\div(-4a)=-\dfrac{52a^2b}{4a}=-13ab$

(6) $6x^2y\times\dfrac{2}{9}y\div8xy^2=\dfrac{6x^2y}{1}\times\dfrac{2y}{9}\times\dfrac{1}{8xy^2}$

$=\dfrac{x}{6}$

2 (1) $(2x-y-6)+3(x+y+2)$

$=2x-y-6+3x+3y+6=5x+2y$

これに $x=-2,\ y=3$ を代入して，

$5\times(-2)+2\times3=-10+6=-4$

(2) $-4x+2=9(x-7)$　　$-4x+2=9x-63$

$-13x=-65$　　$x=5$

(3) $4x+3y-8=0$　　$3y=8-4x$　　$y=\dfrac{8-4x}{3}$

(4)　$2\,\underline{)\,150}$
　　　$3\,\underline{)\ \ 75}$
　　　$5\,\underline{)\ \ 25}$　　$150=2\times3\times5^2$
　　　　　5

3 (1)比例定数を a とすると，y は x に反比例する

から，$y=\dfrac{a}{x}$

$x=500$ のとき $y=8$ だから，$a=4000$

したがって，$y=\dfrac{4000}{x}$

(2) $y=\dfrac{4000}{x}$ に $x=600$ を代入すると，

$y=\dfrac{4000}{600}=\dfrac{20}{3}$（分）

$\dfrac{20}{3}$ 分は $\dfrac{20}{3}\times60=400$ で 400 秒だから，

食品 A の調理にかかる時間は，6 分 40 秒。

4 $\begin{cases} x+y=1800 & \cdots\cdots① \\ \dfrac{x}{60}+\dfrac{y}{160}=20 & \cdots\cdots② \end{cases}$

②$\times480$　　$8x+3y=9600$　　　$\cdots\cdots②'$

$②'-①\times3$　　　　$8x+3y=9600$

$\underline{\quad-)\ 3x+3y=5400\quad}$

$\qquad\qquad5x\qquad\ =4200$

$\qquad\qquad\qquad x=840$

これを①に代入して，$840+y=1800$　　$y=960$

5 (1)最も多い日数の値は 7 日より，最頻値は 7 日

(2)日数の範囲は 12 日だから，$4\leqq a\leqq16$

日数を小さい順に並べると，

4，6，7，7，7，7，10，10，13，15，16

中央値が 8.5 日だから，6 番目と 7 番目の日

数は 7 と 10 になる。よって，a は 10 以上で

ある。したがって，a がとりうる値の範囲は，

$10\leqq a\leqq16$ である。

6 2枚のカードを取り出すのは全部で 15 通り。

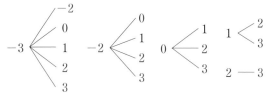

そのうち，2 枚のカードの和が正の数になるの

は 7 通りだから，求める確率は，$\dfrac{7}{15}$

---

1 (1) 11　(2) -7　(3) $\dfrac{1}{7}$　(4) $-17x+7y$

　(5) $7x+12y$　(6) $20a$

2 (1) $720°$　(2) $x=-2$　(3) -15

　(4) $a=3$, $b=4$　(5) $30°$

3 ②

4 (1) $a=3$, $b=6$　(2) 54π cm³

5 $\dfrac{3}{2}$

6 (1)㋐ $BC=AC$　㋑ $\angle BCD=\angle ACE$

　㋒ 2組の辺とその間の角

　(2)① $21-2a-b$ (cm)　② 4 cm

7

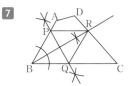

解説

1 (1) $8-(2-5)=8-(-3)=8+3=11$

(2) $1+2\times(-4)=1+(-8)=1-8=-7$

(3) $1+3\times\left(-\dfrac{2}{7}\right)=1+\left(-\dfrac{6}{7}\right)=\dfrac{1}{7}$

(4) $-(2x-y)+3(-5x+2y)$

$=-2x+y-15x+6y$

$=-17x+7y$

(5) $4(3x+y)-6\left(\dfrac{5}{6}x-\dfrac{4}{3}y\right)$

$=12x+4y-5x+8y$

$=7x+12y$

(6) $(-5a)^2\times 8b\div 10ab$

$=25a^2\times 8b\div 10ab$

$=\dfrac{25a^2\times 8b}{10ab}=20a$

2 (1)　n 角形の内角の和
　　　　$180°\times(n-2)$

$180°\times(6-2)=180°\times 4=720°$

(2) $2(x-1)=-6$

$2x-2=-6$

$2x=-4$

$x=-2$

(3) $-\dfrac{12}{a}-b^2$ の a に 2, b に -3 を代入すると,

$-12\div 2-(-3)^2=-6-9=-15$

(4)解が $x=2$, $y=1$ だから, それぞれの式に代入すると,

$\begin{cases} 2a+b=10 & \cdots\cdots① \\ 2b-a=5 & \cdots\cdots② \end{cases}$

②×2+①

$\begin{array}{r} -2a+4b=10 \\ +)\ \ 2a+\ b=10 \\ \hline 5b=20 \\ b=4 \end{array}$

これを②に代入して, $8-a=5$　$a=3$

(5)△DAB は二等辺三角形だから,

　$\angle DBA=\angle DAB=\angle x$

三角形の内角と外角の性質より,

　$\angle BDC=2\angle x$

△BCD は二等辺三角形だから,

　$\angle BCD=\angle BDC=2\angle x$

よって, $2\angle x+\angle x+90°=180°$ より,

　$\angle x=30°$

3 投影図からこの立体は四角錐であるから,

四角錐の展開図は②

①は三角錐, ③は三角柱, ④は正八面体の展開図である。

立体を, 正面から見た図を**立面図**といい, 真上から見た図を**平面図**という。

立面図と平面図をあわせて, **投影図**という。

四角錐の展開図は, 右の
図のようなものもある。

4 (1) 2点 $(1, 9)$, $(-2, 0)$ を通る直線の傾き a は,

$a=\dfrac{0-9}{-2-1}=\dfrac{-9}{-3}=3$

だから, 求める一次関数の式を $y=3x+b$ とする。

この直線は $(-2, 0)$ を通るから，

　　$0 = -6 + b$　　$b = 6$

(2)下の図のように，C$(1, 0)$ とする。

△ABC を x 軸を軸とし
て1回転させてできる立
体の体積から，△AOC
を x 軸を軸として1回転
させてできる立体の体積
をひけばよい。

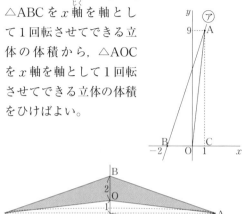

△ABC を x 軸を軸として1回転させてでき
る立体の体積は，

$$\frac{1}{3} \times \pi \times 9^2 \times 3 = 81\pi \ (\text{cm}^3)$$

△AOC を x 軸を軸として1回転させてでき
る立体の体積は，

$$\frac{1}{3} \times \pi \times 9^2 \times 1 = 27\pi \ (\text{cm}^3)$$

よって，求める体積は，

$$81\pi - 27\pi = 54\pi \ (\text{cm}^3)$$

5 図1の体積は，

$$\frac{1}{3} \times \left(\frac{1}{2} \times 9 \times 9\right) \times 9 = \frac{243}{2} \ (\text{cm}^3)$$

図2の体積もこれと等しくなるから，

$$9 \times 9 \times x = \frac{243}{2} \qquad 81x = \frac{243}{2} \qquad x = \frac{3}{2}$$

6 (1)△BCD と △ACE について

△ABC は正三角形だから，

　　BC＝AC　　……①

△DCE は正三角形だから，

　　CD＝CE　　……②

正三角形の3つの内角はすべて $60°$ だから，

　　∠BCD＝∠ACE＝$60°$　　……③

①，②，③から，2組の辺とその間の角がそ
れぞれ等しいので，

　　△BCD≡△ACE

(2)①△ABC は正三角形だから，

　　AB＝BC＝a cm

△DCE は正三角形だから，

　　CD＝CE＝b cm

よって，

　　AB＋BC＋CE＋AE＝21

　　　$a + a + b + \text{AE} = 21$

　　　$2a + b + \text{AE} = 21$

　　　　　　AE＝$21 - 2a - b$ (cm)

②(1)より，△BCD≡△ACE だから，
対応する辺の長さは等しいので，

　　AE＝BD＝$21 - 2a - b$ (cm)

　　AC＝a cm だから，AD＝$a - b$ (cm)

よって，AB＋BD＋AD＝13

　　$a + (21 - 2a - b) + (a - b) = 13$

　　　　　　　$-2b = -8$

　　　　　　　　$b = 4$ (cm)

7 ひし形は，4つの辺がすべて等しい。(定義)
また，対角線は垂直に交わることを利用する。

① ∠B の二等分線をひく。

② 辺 DC と交わった点を R とし，BR の垂直
二等分線をひく。

③ 辺 AB と交わった点を P，辺 BC と交わっ
た点を Q とする。

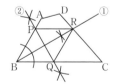

PB＝BQ＝QR＝RP となるから，四角形 PBQR
はひし形になる。

サクッと 確 認 シート　中学数学の最重要事項

第1学年

数と式

◎**計算の順序**

指数をふくむ部分・かっこの中→乗除→加減

◎**比例式**

$a:b=c:d$　ならば，$ad=bc$

比例と反比例

◎**比例**

$y=ax$（a は比例定数）

グラフは，原点を通る傾き a の直線

◎**反比例**

$y=\dfrac{a}{x}$（a は比例定数）

グラフは，双曲線（そうきょくせん）

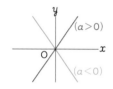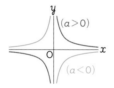

図形の計量

◎**円**

半径 r の円の周の長さを ℓ，面積を S とする。

$$\ell=2\pi r \qquad\qquad S=\pi r^2$$

◎**おうぎ形**　半径 r，中心角 $a°$ のおうぎ形の弧（こ）の長さを ℓ，面積を S とする。

$$\ell=2\pi r\times\frac{a}{360} \qquad S=\pi r^2\times\frac{a}{360}$$

◎**角柱・角錐（かくすい）の体積**　S：底面積，h：高さ

（角柱の体積）$=Sh$　（角錐の体積）$=\dfrac{1}{3}Sh$

◎**円柱・円錐の体積**　r：底面の半径，h：高さ

（円柱の体積）$=\pi r^2 h$　（円錐の体積）$=\dfrac{1}{3}\pi r^2 h$

◎**球の表面積・体積**　r：球の半径

（球の表面積）$=4\pi r^2$　（球の体積）$=\dfrac{4}{3}\pi r^3$

資料の活用

◎**相対度数** $=\dfrac{\text{その階級の度数}}{\text{度数の合計}}$

第2学年

一次関数

$y=ax+b$（傾き a，切片 b）のグラフ

・（変化の割合）$=\dfrac{y\text{の増加量}}{x\text{の増加量}}=a$

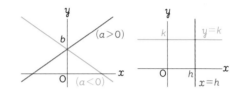

図形の基本性質

◎**角**

・対頂角　　$\angle b$ と $\angle c$

　同位角　　$\angle a$ と $\angle c$

　錯角　　　$\angle a$ と $\angle b$

・対頂角は等しい。

◎**平行線の性質と平行線になる条件**

・平行な2直線に1直線が交わるとき，同位角や錯角は，それぞれ等しい。

・2直線に1直線が交わるとき，同位角または錯角が等しければ，2直線は平行。

◎**多角形の内角の和と外角の和**

・n 角形の内角の和　$180°\times(n-2)$

・多角形の外角の和　$360°$

◎**三角形の合同条件**

・3組の辺が，それぞれ等しい。

・2組の辺とその間の角が，それぞれ等しい。

・1組の辺とその両端の角が，それぞれ等しい。

◎**直角三角形の合同条件**

・斜辺（しゃへん）と1つの鋭角が，それぞれ等しい。

・斜辺と他の1辺が，それぞれ等しい。

◎**平行四辺形の性質**

・AB∥DC，AD∥BC（定義）

・AB＝DC，AD＝BC

・∠A＝∠C，∠B＝∠D

・AO＝CO，BO＝DO

平行四辺形になる条件

- 2組の向かいあう辺が，それぞれ平行。(定義)
- 2組の向かいあう辺が，それぞれ等しい。
- 2組の向かいあう角が，それぞれ等しい。
- 対角線が，それぞれの中点で交わる。
- 1組の向かいあう辺が，等しくて平行。

底辺が共通な三角形

2直線 ℓ，m が平行ならば，△ABC と△DBC の面積は等しい。

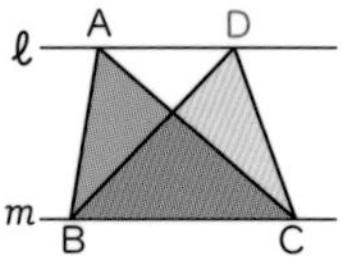

ℓ
A
D
m
B
C

二等辺三角形の性質

- 2つの底角は等しい。
- 頂角の二等分線は底辺を垂直に2等分する。

確率

ことがら A の起こる確率を p とすると，

- $p=\dfrac{A\text{の起こる場合の数}}{\text{起こりうる全部の場合の数}}$
- A の起こらない確率 $=1-p$

箱ひげ図

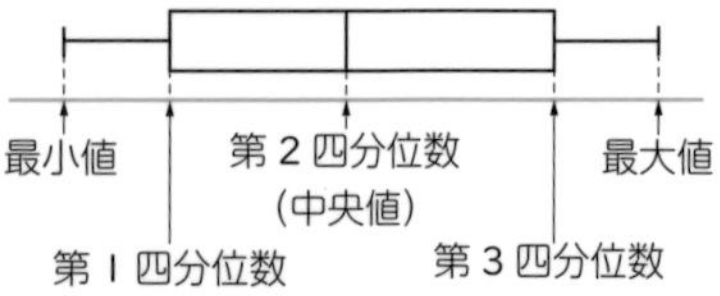

最小値
第2四分位数
(中央値)
最大値
第1四分位数
第3四分位数

第3学年

数と式・二次方程式

乗法公式　(逆が因数分解)

- $(x+a)(x+b)=x^2+(a+b)x+ab$
- $(x+a)^2=x^2+2ax+a^2$
- $(x-a)^2=x^2-2ax+a^2$
- $(x+a)(x-a)=x^2-a^2$

平方根

正の数 a，b について，

- a の平方根は，$\sqrt{a}$ と $-\sqrt{a}$
- $a<b$ ならば，$\sqrt{a}<\sqrt{b}$
- $\sqrt{a}\times\sqrt{b}=\sqrt{a\times b}$，$\sqrt{a}\div\sqrt{b}=\dfrac{\sqrt{a}}{\sqrt{b}}=\sqrt{\dfrac{a}{b}}$
- $\sqrt{a^2}=a$，$(\sqrt{a})^2=a$，$(-\sqrt{a})^2=a$
- $a\sqrt{b}=\sqrt{a^2b}$

二次方程式

- 二次方程式 $ax^2+bx+c=0$ の解 x は，

$$x=\frac{-b\pm\sqrt{b^2-4ac}}{2a}\quad\text{(解の公式)}$$

関数 $y=ax^2$

$y=ax^2$ のグラフ

- y 軸(じく)を対称(たいしょう)の軸とする放物線
- 頂点は原点 O(0，0)で，$a>0$ のとき上に開き，$a<0$ のとき下に開く。

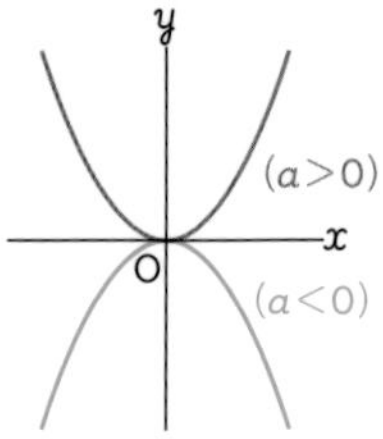

y
(a>0)
x
O
(a<0)

図形と相似

三角形の相似条件

- 3組の辺の比が，すべて等しい。
- 2組の辺の比とその間の角が，それぞれ等しい。
- 2組の角が，それぞれ等しい。

平行線と線分の比

- PQ∥BC ならば，
  AP：AB=AQ：AC=PQ：BC
  AP：PB=AQ：QC
- AP：AB=AQ：AC ならば，PQ∥BC
- AP：PB=AQ：QC ならば，PQ∥BC

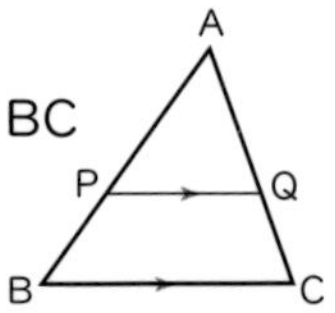

A
P
Q
B
C

中点連結定理

右の図の△ABC において，辺 AB の中点を点 M，辺 AC の中点を点 N とするとき，

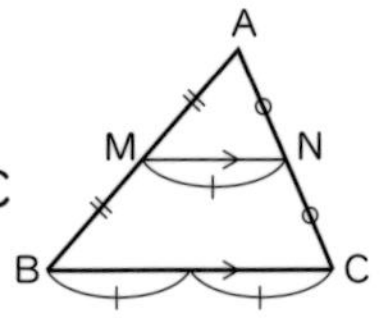

A
M
N
B
C

MN∥BC，MN$=\dfrac{1}{2}$BC

円周角と中心角

- 円周角は中心角の半分。
- 同じ弧に対する円周角は等しい。

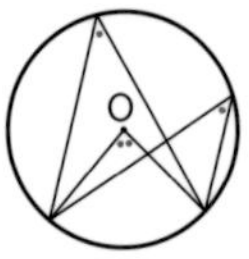

O

三平方の定理とその逆

- 直角三角形 ABC で，
  $a^2+b^2=c^2$　(c は斜辺の長さ)
- 3辺の長さが a，b，c の△ABC で，$a^2+b^2=c^2$ が成り立てば，∠C=90°

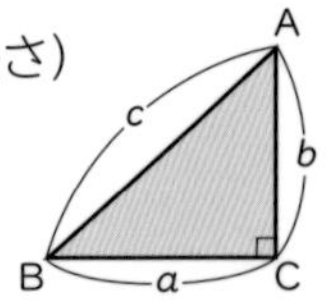

A
c
b
B
a
C